职业教育食品类专业**新形态**系列教材

食品理化检测技术

王建刚
李增绪　主编
宋德花

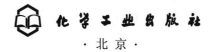

·北京·

内容简介

《食品理化检测技术》以食品中常见成分的检测为工作任务，按任务驱动兼顾教、学、做一体化的原则编写而成，主要内容包括检验前准备、食品的物理检测、食品中一般成分的检测、食品添加剂的检测和食品中有毒有害成分的检验五大模块，涵盖样品的采集、制备与保存，样品的预处理，理化检验中的数据记录及管理等基础技能和食品密度、折射率、旋光度、水分、灰分、酸度、糖类、脂肪、蛋白质及氨基酸、维生素、防腐剂、抗氧化剂、发色剂、甜味剂、农药残留、兽药残留等指标检测的理论知识、检测依据及方法、检测技能，充分体现职业性、实践性和开放性的要求。同时，教材将课程思政以思政小课堂的形式融入模块中；配有任务工单，满足新形态教材的要求；数字资源可扫描二维码学习参考；电子课件可从 www.cipedu.com.cn 下载参考。

本书适合于职业教育食品检验检测技术、食品质量与安全、食品智能加工技术、食品生物技术等专业教学使用，也可供食品相关企业的检验岗位及其他检验技术人员参考。

图书在版编目（CIP）数据

食品理化检测技术/王建刚，李增绪，宋德花主编. —北京：化学工业出版社，2023.2（2024.7重印）
职业教育食品类专业新形态系列教材
ISBN 978-7-122-42611-6

Ⅰ.①食… Ⅱ.①王…②李…③宋… Ⅲ.①食品检验-职业教育-教材 Ⅳ.①TS207.3

中国版本图书馆CIP数据核字（2022）第230597号

责任编辑：迟　蕾　李植峰　　　　　　　　　文字编辑：杨凤轩　师明远
责任校对：王鹏飞　　　　　　　　　　　　　装帧设计：王晓宇

出版发行：化学工业出版社（北京市东城区青年湖南街13号　邮政编码100011）
印　　装：河北鑫兆源印刷有限公司
787mm×1092mm　1/16　印张12¼　字数319千字　2024年7月北京第1版第2次印刷

购书咨询：010-64518888　　　　　　　　　　售后服务：010-64518899
网　　址：http://www.cip.com.cn
凡购买本书，如有缺损质量问题，本社销售中心负责调换。

定　　价：48.00元　　　　　　　　　　　　　　　　　　　　版权所有　违者必究

《食品理化检测技术》编写人员

主　　编：王建刚　李增绪　宋德花
副 主 编：任召珍　黄国宏　杨兆艳　张　艳　张玮玮
编写人员：王建刚　山东药品食品职业学院
　　　　　李增绪　山东药品食品职业学院
　　　　　宋德花　黑龙江职业学院
　　　　　任召珍　威海海洋职业学院
　　　　　黄国宏　广西职业技术学院
　　　　　杨兆艳　山西药科职业学院
　　　　　张　艳　重庆三峡职业学院
　　　　　张玮玮　淄博职业学院
　　　　　高　涵　辽宁农业职业技术学院
　　　　　曾燕茹　福建生物工程职业技术学院
　　　　　苏日娜　内蒙古化工职业学院
　　　　　王春燕　内蒙古农业大学职业技术学院
　　　　　曾海英　荣成泰祥食品股份有限公司

前言

党的二十大报告指出："统筹职业教育、高等教育、继续教育协同创新，推进职普融通、产教融合、科教融汇，优化职业教育类型定位。"而加强职业教育课程教材建设是提高职业教育学生基本素质、培养学生实践技能、促进学生全面发展的基础工程。为进一步强化职业教育的类型特征，树立以学习者为中心的教学理念，落实以实训为导向的教学改革，根据《中国教育现代化 2035》《国家职业教育改革实施方案》等文件精神，在全面推动习近平新时代中国特色社会主义思想进教材、进课堂、进头脑，积极培育和践行社会主义核心价值观的基础上，编写了本书。

本书按照"以学生为中心、学习成果为导向、促进自主学习"思路进行结构设计，弱化教学材料的特征，强化学习资料的功能，通过教材引领，构建深度学习管理体系；传授基础知识与培养专业能力并重，强化学生职业素养养成和专业技术积累，将专业精神、职业精神和工匠精神融入内容中。改变传统课本重知识技能、轻思政的现象，尝试知识传授与价值引领同行并重，将思政教育无缝植入教材编写中，不断优化教材内容，构建价值塑造、能力培养、知识传授三位一体的职业教育人才目标，使学生能够把所学知识灵活地应用于实际，创造性地解决问题，实现教材、学材、工作手册等功能融通。

本书以"企业岗位（群）任职要求、职业标准、工作过程"作为主体内容，将"以德树人、课程思政"有机融合到教材中，提供丰富、适用和引领创新作用的多种类型的立体化、信息化课程资源，实现教材多功能作用并构建深度学习的管理体系。

本书在编写过程中结合检测企业反馈和企业调研，对内容不断整合、梳理，使知识点和技能点符合职业岗位的需求。在课程内容设计上，根据实际岗位的需要，由浅入深、层次分明、方式多样，形成了基础技能、专项技能和综合技能训练三个层次的教学体系。以检测相关国家标准为依据，对检测相关基本原理、基本仪器设备的使用等知识和技能进行梳理；选择食品检测常检产品及指标作为典型工作任务，按企业检测岗位工作职责和工作过程设定任务内容，引导学生在工作任务中获得职业素养的提升和职业技能的锻炼，提高学生的食品理化检测的基本检验能力、专项检验能力和综合素质能力。

本书在编写过程中，借鉴和参考了相关专业的文献和资料，但限于编者水平，本书难免有不妥之处，希望广大读者批评指正。

编者
2023 年 1 月

目 录

模块一 检验前准备 ··· 1
  项目一 食品样品的采集、制备与保存 ······································· 2
    一、食品样品的采集 ··· 2
    二、食品样品的制备 ··· 7
    三、食品样品的保存 ··· 8
  项目二 食品样品的预处理 ··· 10
    一、样品预处理的目的 ··· 10
    二、样品预处理的常用方法 ··· 11
    三、样品预处理的现代技术 ··· 15
  项目三 食品理化检测数据记录与数据管理 ······························ 19
    一、检测结果的表示方法 ·· 19
    二、原始数据记录要求 ··· 22
    三、数据处理方法 ·· 22
    四、分析误差的来源及控制 ··· 24
    五、分析结果的报告及数据管理 ····································· 26

模块二 食品的物理检测 ··· 28
  项目一 食品密度与相对密度的测定 ······································· 29
    一、密度与相对密度 ··· 29
    二、食品相对密度测定的意义 ······································· 30
    三、食品相对密度测定的依据及方法 ····························· 30
    任务一 苹果汁相对密度的测定 ······································· 31
  项目二 食品折射率的测定 ··· 34
    一、折射率的基本概念 ··· 34
    二、折射率测定的意义 ··· 36
    三、食品折射率的测定依据及方法 ································· 36
    任务二 茶饮料中可溶性固形物含量的测定 ······················· 40
  项目三 食品旋光度的测定 ··· 43
    一、旋光现象、旋光度和比旋光度 ································ 43
    二、旋光度测定的意义 ··· 45

三、旋光仪的使用 ··· 45
　任务三　味精中谷氨酸钠含量的测定 ··· 46

模块三　食品中一般成分的检测 ··· 49
项目一　食品中水分含量的测定 ··· 50
　　一、食品中水分存在的形式 ··· 50
　　二、食品中水分含量测定的意义 ··· 51
　　三、食品中水分测定的依据及方法 ··· 51
　任务四　火腿肠中水分含量的测定 ··· 55
项目二　食品中灰分的测定 ··· 58
　　一、食品中的灰分 ··· 58
　　二、食品中灰分测定的意义 ··· 59
　　三、食品中灰分的测定依据及方法 ··· 60
　任务五　小麦粉中总灰分含量的测定 ··· 62
项目三　食品酸度的测定 ··· 65
　　一、食品中的酸及其分类 ··· 65
　　二、食品酸度测定的意义 ··· 66
　　三、食品中常见酸度的测定依据及方法 ··· 67
　任务六　苹果醋饮料中总酸含量的测定 ··· 68
　任务七　桃罐头中有效酸度的测定 ··· 71
项目四　食品中糖类物质的测定 ··· 74
　　一、食品中的糖类 ··· 74
　　二、食品中糖类测定的意义 ··· 75
　　三、食品中糖类的测定依据及方法 ··· 75
　任务八　糖果中还原糖含量的测定 ··· 78
项目五　食品中脂肪的测定 ··· 82
　　一、食品中的脂类 ··· 82
　　二、食品中脂肪测定的意义 ··· 83
　　三、食品中脂肪的测定依据及方法 ··· 83
　任务九　熏煮香肠中脂肪含量的测定 ··· 85
项目六　食品中蛋白质和氨基酸的测定 ··· 89
　　一、食品中蛋白质和氨基酸测定的意义 ··· 89
　　二、食品中蛋白质的测定依据及方法 ··· 90
　　三、氨基酸的测定依据及方法 ··· 92
　任务十　乳粉中蛋白质含量的测定 ··· 93
　任务十一　酱油中氨基酸态氮含量的测定 ······································· 97
项目七　食品中维生素的测定 ··· 101
　　一、食品中维生素测定的意义 ··· 101
　　二、食品中脂溶性维生素的测定方法 ··· 102
　　三、食品中水溶性维生素的测定方法 ··· 102
　任务十二　橙子中L-抗坏血酸含量的测定 ······································· 102

模块四　食品添加剂的检测 ··· 106
项目一　食品中防腐剂含量的测定 ··· 107
　　一、食品防腐剂的种类 ··· 107

二、食品防腐剂含量测定的意义 ……………………………………………………… 108
　　三、食品防腐剂含量的测定依据及方法 ………………………………………………… 109
　任务十三　酱腌菜中山梨酸、苯甲酸含量的测定 …………………………………………… 109
　项目二　食品中抗氧化剂含量的测定 …………………………………………………………… 114
　　一、食品抗氧化剂的种类 ………………………………………………………………… 114
　　二、食品抗氧化剂测定的意义 …………………………………………………………… 115
　　三、食品抗氧化剂测定的依据及方法 …………………………………………………… 115
　任务十四　油脂中 BHA 和 BHT 含量的测定 ………………………………………………… 116
　项目三　食品中发色剂的测定 …………………………………………………………………… 120
　　一、食品发色剂的种类 …………………………………………………………………… 120
　　二、食品中发色剂含量测定的意义 ……………………………………………………… 120
　　三、食品中发色剂含量的测定依据及方法 ……………………………………………… 121
　任务十五　卤肉中亚硝酸盐含量的测定 ……………………………………………………… 122
　项目四　食品中甜味剂的测定 …………………………………………………………………… 126
　　一、食品甜味剂的种类 …………………………………………………………………… 126
　　二、食品中甜味剂含量测定的意义 ……………………………………………………… 127
　　三、食品中甜味剂的测定依据及方法 …………………………………………………… 127
　任务十六　风味饮料中阿斯巴甜含量的测定 ………………………………………………… 131

模块五　食品中有毒有害成分的检验 ……………………………………………………… 135
　项目一　食品中农药残留的测定 ………………………………………………………………… 136
　　一、食品中常见农药的种类 ……………………………………………………………… 136
　　二、食品中农药残留的危害及检测意义 ………………………………………………… 137
　　三、食品中农药残留量测定的依据及方法 ……………………………………………… 137
　任务十七　苹果中有机磷农药残留量的测定 ………………………………………………… 138
　项目二　食品中兽药残留的测定 ………………………………………………………………… 144
　　一、食品中常见的兽药种类 ……………………………………………………………… 144
　　二、食品中兽药残留检测的依据及方法 ………………………………………………… 145
　任务十八　蜂蜜中氯霉素残留量的测定 ……………………………………………………… 147

参考文献 …………………………………………………………………………………………… 152

模块一
检验前准备

 模块介绍

食品检测技术是应用物理、化学、生物化学等学科的基本理论和基本技术,按照制定的标准,对食品工业生产中的原料、辅料、半成品及成品进行分析、检验,进而评定食品品质及其变化的一门应用性和技术性学科。食品检测技术是食品工业生产和食品科学研究的"眼睛"和"参谋",是食品质量管理过程中一个重要环节,起到保证和监督食品质量的作用。

食品检测包括感官检验、理化检验和微生物检验,其中,食品理化检验主要包含食品营养成分检验、污染物检验和食品添加剂检验三个方面的内容。

食品理化检验的对象包括各种原材料、农副产品、半成品、各种添加剂、辅料及产品等,种类繁多,成分复杂,来源不一,分析的目的、项目和要求也不尽相同,但无论哪种对象,都一般按照如下程序进行:

样品的采集、制备和保存→样品的预处理→分析检测→数据记录与管理

在食品理化检验的过程中,每个环节对检测结果的准确性都有重要的影响,必须严格按照相应的要求来实施。

 思政小课堂

乳制品污染

【事件】

2008年中国乳制品污染事件是一起食品安全事故。事故起因是很多食用三鹿集团生产的奶粉的婴儿被发现患有肾结石,随后在婴儿奶粉中发现化工原料三聚氰胺。三聚氰胺,俗称密胺、蛋白精,是一种三嗪类含氮杂环有机化合物,常被用作化工原料。其为白色单斜晶体,几乎无味,微溶于水,可溶于甲醇、甲醛、乙酸等,不溶于丙酮、醚类,对身体有害,不可用于食品加工或食品添加物。我国检测食品中蛋白质含量一般采用凯氏定氮法,即通过检测氮的含量推算食品中蛋白质含量。因三聚氰胺含氮量高达66.6%,故和水一起被添加到牛乳中,获得虚假的蛋白质含量。随后,相关涉案人员依法被判刑。

在该事件后,乳及乳制品检测项目中增加了三聚氰胺,堵住了三聚氰胺添加到乳品中的渠道。为避免有未列入检测范围的高含氮量添加物被加入,造成虚假结果,有时会采用生化中常用的三氯乙酸使蛋白质沉淀,过滤后,再用凯氏定氮法分别测定沉淀和滤液中的氮含量,以此来检测蛋白质的真正含量和冒充蛋白质的氮含量。

【启示】

1. 与时俱进的创新精神。我国的乳制品检测主要通过凯氏定氮的方法,而该方法不能有效检测三聚氰胺。但是该事件的发生并不是由于我国食品分析标准的不健全,而恰恰相反,正是由于我国食品分析标准的不断发展和进步,三聚氰胺问题才被曝光。二十大报告指出"加快实施创新驱动发展战略",正是在食品检测工作者与时俱进的创新精神下,我国的检测方法和标准越来越完善,从而保障了人们舌尖上的食品安全。

2. 法律意识和社会责任感。"坚持全面依法治国,推进法治中国建设",三聚氰胺事件中的涉案人员虽然都受到了应有的惩罚,但是给受害者造成的伤害无法抚平,必须要坚守道德和法律的底线,不能为了追求个人利益造成全社会的巨大损失。

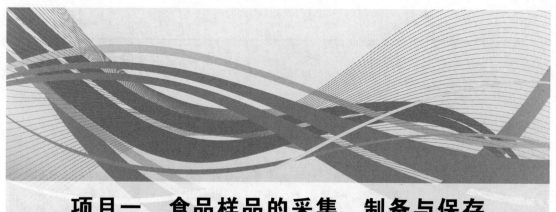

项目一 食品样品的采集、制备与保存

知识目标

1. 了解样品采集、制备与保存对于食品检测的意义。
2. 理解食品采样必须遵循的原则。
3. 掌握样品的分类。
4. 掌握样品采集的方法及步骤。
5. 理解采样时记录的要点。

技能目标

1. 根据产品种类、特点，能选择恰当的方法和工具进行采样。
2. 完成固体、液体、半固体样品的正确采集、制备和保存。
3. 正确填写采样记录表。

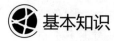 基本知识

一、食品样品的采集

样品的采集简称采样（又称检样、取样、抽样等），是为了进行检验而从大量物料中抽取一定数量具有代表性的样品。在实际工作中，要检测的物料常常量都很大，组成有的很均匀，而有的很不均匀，检测时有的需要几克样品，而有的只需几毫克。分析结果必须能代表全部样品，因此必须采取具有足够代表性的"平均样品"，并将其制备成分析样品，如果采集的样品不具有代表性，那么即使检测方法再正确，也得不到正确的结论。因此，正确的采样在检测工作中是十分重要的。

1. 样品采集的原则

尽管一系列检验工作非常精密、准确，但如果采取的样品不足以代表全部物料的组成成分，则其检测结果也将毫无价值，甚至得出错误结论，造成重大经济损失甚至误伤人命，酿成大祸。为保证正确采样，要遵循如下原则。

① 采集的样品要具有代表性，能反映全部被检食品的组成、质量及卫生状况。食品检测中，不同种类的样品，或即使同一种类的样品，也会因品种产地、成熟期、加工及储存方法、保存条件的不同，其成分和含量都会有相当大的变动。此外，即使同一检测对象，各部位间的组成和含量也会有显著性差异。因此，要保证检测结果的准确、结论的正确，首要条件就是采取的样品必须具有充分的代表性，能代表全部检验对象，代表食品整体，否则，无论检测工作做得如何认真、精确都是毫无意义的，甚至会得出错误的结论。

② 采样过程中应避免成分逸散或引入杂质，要设法保持原有的理化指标。如果检测样品的成分（如水分、气味、挥发酸等）发生逸散或带入杂质，也将会影响检测结果和结论的正确性。

③ 采集的样品要具有典型性，对疑似污染、中毒或掺假的食品，应采集疑有问题的典型样品，而不能用均匀的样品代表。

④ 采样方法要与分析目的保持一致。

2. 样品分类

按照样品采集的过程，依次得到检样、原始样品和平均样品三类。

(1) 检样 组批或货批中所抽取的样品称为检样。检样的多少，按该产品标准中检验规则所规定的抽样方法执行。

(2) 原始样品 将许多份检样综合在一起称为原始样品。原始样品的数量是根据受检物品的特点、数量和检验的要求而定的。

(3) 平均样品 将原始样品按规定的方法混合平均，均匀地分出一部分，称为平均样品。从平均样品中分出3份（每份样品质量一般不少于0.5kg，检验掺假的样品，与一般的成分分析样品不同，分析项目事先不明确，属于捕捉分析，因此，相对来讲，取样量要多一些），一份用于全部检验项目检验，称作检验样品；一份在对检验结果有争议或分歧时作复检用，称作复检样品；一份作为保留样品，需封存保留一段时间（通常1个月），以备有争议时再做验证，但易变质食品不做保留。

3. 采样工具

(1) 固体采样器

① 长柄勺，用于散装液体样品采集，使用较为方便，柄要长，能采到样品深处，工具表面要光滑，便于清洗消毒，选用不锈钢材质较好。

② 金属探管和金属探子，金属探管适用于采集袋装的颗粒或粉末状食品。金属探管，为一根金属管子，长为50～100cm，直径为1.5～2.5cm，一端尖头，另一端为柄，管上有一条开口槽，从尖端直通到柄。采样时，管子槽口向下，插入布袋后将管子槽口向上，粉末状样品便从槽口进入管内，拔出管子，将样品装入采样容器内。

有些样品（如蛋粉、乳粉等），为了避免在采样时受到污染或能采集到容器内各平面的代表试样，可使用双层套管采样器。双层套管采样器，由内外套筒的两根管子组成，每隔一定的距离，两管上有相互吻合的槽口，将内管转动，可以开闭这些槽口。外管有尖端，以便使管子的全长插入样品袋子。插入时将槽口关闭，插入后旋转内管，将槽口打开，使样品进入采样管槽内，再旋转内管关闭槽口，将采样管拔出，用小匙自管的上、中、下部收取样品，装入采样容器内。

金属探子，适用于布袋装颗粒性食品采样，如粮食、白砂糖等。金属探子为一锥形的金属管子，中间凹空，一头尖，便于插入口袋。采样时，将尖端插入口袋，颗粒性样品从中间凹空的地方进入，经管子宽口的一端流出。

③ 采样铲，适用于散装粮食、豆类或袋装的特大颗粒食品（如薯片、花生果、蚕豆等），可将口袋剪开，用采样铲采样。

④ 长柄匙或半圆形金属管，适用于较小包装的半固体样品采集。

长柄匙，用不锈钢制成，表面要光滑，无花纹，易清洁消毒。

半圆形金属管，对大包装的半固体食品采样，要用一根较长的半圆形金属管，长为50～100cm，直径为2～3cm，一头尖，两边锐利，另一头为柄。采样时，将半圆形金属管插入样品中，旋转采样器，将样品旋切成圆柱形的一个长条，然后取出采样器，样品随采样器带出，用小匙将样品推出采样器放于样品容器内。

⑤ 电钻（或手摇钻）及钻头、小斧、凿子。对已冻结的冰蛋，可用经消毒的电钻（或手摇钻）或小斧、凿子取样。

(2) 液体采样器 药用移液管、烧杯、勺子、黏度大液体用玻璃棒。

(3) 样品盛装容器 选用硬质玻璃瓶或聚乙烯制品，如烧杯、广口瓶、具塞锥形瓶、塑料瓶、塑料袋、自封袋；容器不能是新的污染源，容器壁不能吸附待检测组分或与待检测组分发生反应。

(4) 辅助工具 手套、剪刀、纸、笔、不干胶标签、酒精棉签、照相机等。

常见采样工具如图1-1所示。

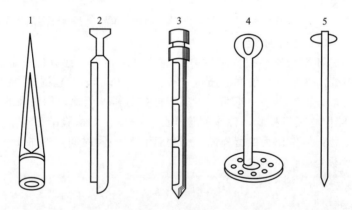

图1-1 采样工具
1—固体脂肪采样器；2—谷物、糖类采样器；3—套筒式采样器；
4—液体采样搅拌器；5—液体采样器

4. 样品采集的方法

具体采样方法，因分析对象的性质而异。样品的采集有随机抽样和代表性取样两种方法。

随机抽样指均衡地、不加选择地从全部产品的各个部分取样。随机不等同于随意，随机要保证所有物料各个部分被抽到的可能性均等。具体做法如下所述。

① 掷骰子，简便易行，适于生产现场用。

② 用随机数表。操作时将取样对象的全体划分成不同编号的部分，用随机数表进行取样。

③ 用计算器、计算机。
④ 用抽奖机。

五点取样法

代表性取样是用系统抽样法进行采样，即已经了解样品随空间（位置）和时间而变化的规律，按此规律进行取样，以便采集的样品能代表其相应部分的组成和质量。如分层采样、依生产程序流动定时采样、按批次或件数采样、定期抽取货架上陈列的食品采样等。

随机抽样可以避免人为倾向因素的影响，但在某些情况下，某些难以混匀的食品（如果蔬、面点等），仅用随机抽样是不够的，必须结合代表性取样，从有代表性的各个部分分别取样，才能保证样品的代表性，从而保证检测结果的正确性。具体采样方法视样品不同而异。

(1) 散粒状样品（如粮食、粉状食品） 散粒状样品的采样容器有自动样品收集器、带垂直喷嘴或斜槽的样品收集器、垂直重力低压自动样品收集器等。

粮食、白砂糖、奶粉等均匀固体物料，应按不同批号分别进行采样，对同一批号的产品，采样点数可由采样公式(1-1)决定，即

$$S=\sqrt{\frac{N}{2}} \tag{1-1}$$

式中　N——检测对象的数目（件、袋、桶等）；
　　　S——采样点数。

从样品堆放的不同部位，按照采样点数确定具体采样袋（件、桶、包）数，用双套回转取样管，插入每一袋子的上、中、下3个部位，分别采取部分样品混合在一起。若为散堆状的样品，先划分为若干等体积层，然后在每层的四角及中心点，也分为上、中、下3个部位，用双套回转取样管插入采样，将取得的检样混合在一起，得到原始样品。混合后得到的原始样品，按四分法进行缩分，取对角，弃对角，直至所需样品量，即得到平均样品。

四分法是将散粒状样品由原始样品制成平均样品的方法，将原始样品充分混合均匀后，堆积在一张干净平整的纸上，或一块洁净的玻璃板上[图1-2(a)]；用洁净的玻璃棒充分搅拌均匀后堆成一圆锥形，将锥顶压平成一圆台，使圆台高度约为3cm[图1-2(b)]；划"＋"字等分成4份[图1-2(c)]，取对角2份其余弃去，将剩下2份按上法再行混合，四分取其二[图1-2(d)]，重复操作至剩余为所需样品量为止（一般不小于0.5kg）。

四分法

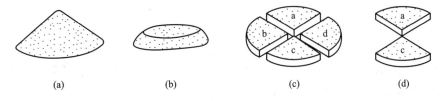

图1-2　四分法取样图解

(2) 液体及半流体样品（如植物油、鲜乳、饮料等） 对桶（罐、缸）装样品，先按采样公式确定采取的桶数，再开启包装，混合均匀，用虹吸法分上、中、下三层各取500mL检样，然后混合分取，缩减至所需数量，即得到平均样品。若是大桶或池（散）装样品，可在桶（或池）的四角及中点分上、中、下三层进行采样，充分混匀后，分取缩减至所需要的量。

(3) 不均匀的固体样品（如肉、鱼、果蔬等） 此类食品本身各部位成分极不均匀，应

注意样品的代表性。

① 肉类。视不同的目的和要求而定，有时从不同部位采样，混合后代表该只动物；有时从很多只动物的同一部位采样，混合后来代表某一部位的情况。

② 水产品。个体较小的鱼类可随机取样多个，切碎、混合均匀后，分取缩减至所需要的量；个体较大点的可以在若干个体上切割少量可食部分，切碎后混匀，分取缩减。

③ 果蔬。先去皮、核，只留下可食用的部分。体积较小的果蔬，如豆、枣、葡萄等，随机抽取多个整体，切碎混合均匀后，缩减至所需的量；体积较大的果蔬，如番茄、茄子、冬瓜、苹果、西瓜等，按成熟度及个体的大小比例，选取若干个个体，对每个个体单独取样，以消除样品间的差异，取样方法是从每个个体生长轴纵向剖成4份或8份，取对角线2份，再混合缩分，以减少内部差异；体积膨松型的蔬菜，如油菜、菠菜、小白菜等，应在多个包装（捆、筐）分别抽取一定数量，混合后做成平均样品。

(4) **小包装食品（罐头、瓶装饮料、奶粉等）** 根据批号连同包装一起，分批取样。如小包装外还有大包装，可按采样公式抽取一定数量的大包装，再从中抽取小包装，混匀后分取缩减至所需的量。一般同一批号取样件数为：250g以上的包装不得少于6个，250g以下的包装不得少于10个。

(5) **采样的注意事项** 样品的采集，除了应注意样品的代表性之外，还需注意以下规则。

① 采样应注意抽检样品的生产日期、批号、现场卫生状况和包装容器状况等。

② 小包装食品送检时应保持原包装的完整，并附上原包装上的一切商标及说明，供检验人员参考。

③ 盛放样品的容器不得含有待测物质及干扰物质，一切采样工具都应清洁、干燥、无异味，在检验之前应防止一切有害物质或干扰物质带入样品。供细菌检验用的样品，应严格遵守无菌操作规程。

④ 采样后应迅速送检验室检验，尽量避免样品在检验前发生变化，使其保持原来的理化状态。检验前不应发生污染、变质、成分逸散、水分变化及酶的影响等。

⑤ 要认真填写采样记录，包括采样单位和地址、日期、样品批号、采样条件、包装情况、采样数量、现场卫生状况、运输和贮藏条件、外观、检验项目及采样人员等。

5. 样品采集步骤

(1) **采样工具的准备** 根据样品的特性，准备合适的采样工具。

(2) **采样前的准备**

① 采样前了解食品的详细情况。

a. 了解该批食品的原料来源、加工方法、运输和贮存条件及销售中各环节的状况。

b. 审查所有证件，包括运货单、质量检验证明、兽医卫生检验证明、商品检验机构或卫生防疫机构的检验报告等。

② 现场检查整批食品的外部情况。有包装的食品要注意包装的完整性，即有无破损、变形、污痕等；未包装的食品要进行感官检查，即有无异味、杂物、霉变、虫害等。发现包装不良或有污染时，需打开外包装进行检查，如果仍有问题，则需全部打开包装进行感官检查。

(3) **采样** 采集样品的步骤一般分五步，依次如下。

① 获得检样。由分析的整批物料的各个部分采集的少量物料得到检样。

② 形成原始样品。许多份检样综合在一起得到原始样品。如果采得的检样互不一致，则不能把它们放在一起做成一份原始样品，而只能把质量相同的检样混在一起，做成若干份原始样品。

③ 得到平均样品。原始样品经过技术处理后，再抽取其中一部分供分析检验用的样品为平均样品。

④ 三分平均样品。将平均样品平分为3份，分别作为检验样品（供分析检测使用）、复检样品（供复检使用）和保留样品（供备用或查用）。

⑤ 填写采样记录。采样记录要求详细填写：被采样单位名称，样品名称，采样地点，样品的产地、商标、数量、生产日期、批号，采样的条件，采样时的包装情况，采样方式，采样的数量，要求检验的项目，采样人，采样日期，被采样单位负责人签名等资料。

(4) 样品的封存与运输

① 样品封存。采样完毕整理好现场后，将采好的样品分别盛装在容器或牢固的包装内，由采样人或采样单位在容器盖接处或包装上进行签封。每件样品还必须贴上标签，明确标记品名、来源、数量、采样地点、采样人及采样日期等内容。如样品品种较少，应在每件样品上进行编号，其编号应与采样收据和样品送检单的样品编号相符。

② 样品运输。不论是将样品送回实验室，还是要将样品送到别处去分析，都要考虑和防止样品变质。生鲜样品要冰冻运送，易挥发样品要密封运送，水分较多的样品要装在几层塑料食品袋内封好，干燥的样品可用牛皮纸袋盛装，样品的外包装要结实且不易变形和损坏。此外，运送过程中要注意车辆的清洁，注意车站、码头有无污染源，避免样品污染。

二、食品样品的制备

食品的种类繁多，许多食品各个部位的组成都有差异。为了保证分析结果的正确性，在化验之前，必须对分析的样品加以适当的制备。样品的制备是指对采取的样品进行分取、粉碎及混匀等过程，目的是保证样品的均匀性，在检测时取任何部分都能代表全部样品的成分。

样品的制备一般将不可食部分先去除，再根据样品的不同状态采用不同的制备方法。在样品制备过程中，还应注意防止易挥发性成分的逸散和避免样品组成成分及理化性质发生变化，尤其是做微生物检验的样品时，必须根据微生物学的要求，严格按照无菌操作规程制备。样品制备的方法因样品的状态不同而异。

1．液体、浆体或悬浮液体

对于液体、浆体或悬浮液体，一般是将样品充分混匀搅拌。常用的搅拌工具有玻璃棒、电动搅拌器、液体采样器。

2．互不相溶的液体

对于互不相溶的液体，如油与水的混合物，分离后分别采取。

3．固体样品

固体样品应先粉碎、切分、捣碎、研磨或用其他方法研细、捣匀。常用工具有绞肉机、磨粉机、研钵、高速组织捣碎机等。

4．罐头

水果罐头在捣碎前须清除果核，肉禽罐头应预先清除骨头，鱼类罐头要将调味品（葱、辣椒等）分出后再捣碎。常用工具有高速组织捣碎机等。

5. 农药残留量测定样品

（1）**粮食** 充分混匀，用四分法取200g粉碎；全都通过40目筛。

（2）**蔬菜和水果** 先用水洗去泥沙，然后除去表面附着的水分。依当地食用习惯，取可食部分沿纵轴剖开，各取1/4，切碎，充分混匀。

（3）**肉类** 除去皮和骨，将肥瘦肉混合取样。每份样品在检验农药残留量的同时，应进行粗脂肪含量的测定，以便必要时分别计算农药在脂肪或瘦肉中的残留量。

（4）**蛋类** 去壳后全部混匀。

（5）**禽类** 去毛，开膛去内脏，洗净，除去表面附着的水分。纵剖后将半只去骨的禽肉绞成肉泥状，充分混匀。检验农药残留量的同时，还应进行粗脂肪的测定。

（6）**鱼类** 每份鱼样至少需三条鱼，去鳞、头、尾及内脏，洗净，除去表面附着的水分，纵剖，取每条的一半，去骨刺后全部绞成肉泥状，充分混匀。

三、食品样品的保存

采取的样品，为了防止其水分或挥发性成分散失以及其他待测成分含量的变化（如光解、高温分解、发酵等），应在短时间内进行分析。如果不能立即分析，则应妥善保存，保存的原则是：干燥，低温，避光，密封。

制备好的样品应放在密封洁净的容器内，置于阴暗处保存；易腐败变质的样品应保存在0～5℃的冰箱里，保存时间也不宜过长；有些成分，如胡萝卜素、黄曲霉毒素B_1、维生素B_2等，容易发生光解，以这些成分作为分析项目的样品必须在避光条件下保存；特殊情况下，样品中可加入适量的不影响分析结果的防腐剂。

某些样品采用冷冻干燥来保存。样品在低温下干燥，食品化学和物理结构变化极小，因此食品成分的损失比较少，可用于肉、鱼、蛋和蔬菜类样品的保存，保存时间可达数月或更长的时间。

此外，样品保存环境要清洁干燥，一般检验后的样品还需保留一个月，以备复查。保留期限从签发报告单算起，易变质食品不予保留。感官不合格样品可直接定为不合格产品，不必进行理化检验。最后，存放的样品要按日期、批号、编号摆放，以便查找。

❋ 项目检测

一、基础概念

采样　检样　原始样品　平均样品　四分法

二、填空题

1. 采样必须遵守的原则是_____、_____、_____、_____。
2. 平均样品一般会分为3份，分别是_____、_____、_____。
3. 随机抽样的常用方法有_____。
4. 除随机抽样外，另一种常用的采样方法为_____。
5. 采集样品的步骤一般分为五步，依次为_____、_____、_____、_____、_____。
6. 样品的制备是指_____等过程，目的是_____，在检测时取任何部分都能代表全部样品的成分。

三、选择题
1. 对样品进行检验时，采集样品必须有（   ）。
A. 代表性　　　　B. 典型性　　　　C. 随意性　　　　D. 适时性
2. 可用四分法进行处理的样品是（   ）。
A. 稻谷　　　　　B. 蜂蜜　　　　　C. 鲜乳　　　　　D. 葡萄
3. 分样器的作用是（   ）。
A. 破碎样品　　　B. 分解样品　　　C. 缩分样品　　　D. 掺和样品
4. 下列属于常用缩分方法的是（   ）。
A. 溶解法　　　　B. 破碎法　　　　C. 四分法　　　　D. 溶解法
5. 样品保存环境要清洁干燥，一般检验后的样品还需保留（   ），以备复查。
A. 一周　　　　　B. 一个月　　　　C. 半年　　　　　D. 一年

项目二　食品样品的预处理

知识目标

1. 理解样品预处理的目的。
2. 掌握样品预处理的方法。
3. 了解每种样品预处理方法的特点。

技能目标

1. 根据检测任务选择合适的样品预处理方法。
2. 依据给定方法完成样品的预处理。

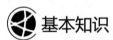 基本知识

一、样品预处理的目的

食品成分复杂，既含有蛋白质、脂肪、碳水化合物、维生素等有机化合物，也含有许多钾、钠、钙、铁、镁等无机元素，这些成分在食品中以复杂的形式结合在一起，当用选定的方法对其中某种成分进行分析时，其他组分的存在常会产生干扰而影响被测组分的正确检出。在分析检测之前必须采取相应的措施排除干扰因素。此外，有些待测组分（如重金属、农药、兽药等有毒、有害物质）在食品中的含量极低，有时会因为所选方法的灵敏度不够而难以检出，这种情形下往往需对样品中的相应成分进行浓缩，以满足分析方法的要求。

为了顺利完成检测分析，需对样品进行不同程度的分解、分离、浓缩、提纯处理，这些操作过程统称为样品的预处理。样品预处理的目的是使样品中的被测成分转化为便于测定的状态，消除共存成分在测定过程中的影响和干扰，浓缩富集被测成分。样品预处理时总的原则是消除干扰因素、完整保留并尽可能浓缩被测组分，以获得可靠的分析结果。

根据食品的种类、性质以及不同分析方法的要求，通常需要选择不同的样品预处理方法。

二、样品预处理的常用方法

1. 溶剂提取法

同一溶剂中，不同的物质有着不同的溶解度；同一物质在不同的溶剂中溶解度也不同。利用样品中各组分在特定溶剂中溶解度的差异，使其完全或部分分离即为溶剂提取法。常用的无机溶剂有水、稀酸、稀碱，有机溶剂有乙醇、乙醚、氯仿、丙酮、石油醚等，可用于从样品中提取被测物质或除去干扰物质。

溶剂提取法可用于提取固体、液体及半流体，根据提取对象不同可分为浸提法和溶剂萃取法。

(1) 浸提法 用适当的溶剂将固体样品中的某种被测组分浸提出来称为浸提法或液-固萃取法。

① 提取剂的选择。提取剂应根据被提取物的性质来选择，对被测组分的溶解度应最大，对杂质的溶解度最小，提取效果遵从相似相溶原则。通常对极性较弱的成分（如有机氯农药）可用极性小的溶剂（如正己烷、石油醚）提取，对极性强的成分（如黄曲霉毒素 B_1）可用极性大的溶剂（如甲醇与水的混合液）提取。所选择的溶剂应稳定性好，沸点适当，一般为 $45\sim80℃$，太低易挥发，过高又不易浓缩。

② 提取方法。

a. 振荡浸渍法：将切碎的样品放入选择好的溶剂系统中，浸渍、振荡一定时间使被测组分被溶剂提取。该方法操作简单，但回收率低。

b. 捣碎法：将切碎的样品放入捣碎机中，加入溶剂，捣碎一定时间，被测成分被溶剂提取。该方法回收率高，但选择性差，干扰杂质溶出较多。

c. 索氏提取法：将一定量样品放入索氏提取器中，加入溶剂，加热回流一定时间，被测组分被溶剂提取。该方法溶剂用量少，提取完全，回收率高，但操作麻烦，需专用索氏提取器。

(2) 溶剂萃取法 溶剂萃取法用于从溶液中提取某一组分，利用该组分在两种互不相溶的试剂中分配系数的不同，使其从一种溶剂中转移至另一种溶剂中，从而与其他成分分离，达到分离的目的。若被转移的成分是有色化合物，可用有机相直接进行比色测定，即萃取比色法（如双硫腙法测定食品中的铅含量）。

溶剂萃取法设备简单、操作迅速、分离效果好、应用广泛，但是此方法用于成批试样分析时工作量大，同时，萃取溶剂常易挥发、易燃，且有毒性，操作时应做好安全防护。

① 萃取剂的选择。

a. 萃取剂与原溶剂不互溶且相对密度不同。

b. 萃取剂对被测组分的溶解度要大于被测组分在原溶剂中的溶解度，对其他组分溶解度很小。

c. 萃取相经蒸馏可使萃取剂与被测组分分开，有时萃取相整体就是产品。

② 萃取方法。萃取常在分液漏斗中进行，一般需萃取 $4\sim5$ 次方可分离完全。若萃取剂比水轻，且从水溶液中提取分配系数小或振荡时易乳化的组分时，可采用连续液体萃取器。

在食品分析中常用溶剂提取法分离、浓缩样品，浸提法和溶剂萃取法既可以单独使用，也可联合使用。如测定食品中的黄曲霉毒素 B_1，先将固体样品用甲醇-水溶液浸取，黄曲霉

毒素 B_1 和色素等杂质一起被提取，再用氯仿萃取甲醇-水溶液，色素等杂质不被氯仿萃取仍留在甲醇-水溶液层，而黄曲霉毒素 B_1 被氯仿萃取，以此将黄曲霉毒素 B_1 分离。

2. 蒸馏法

利用液体混合物中各组分挥发度的不同而将其分离的方法称为蒸馏法。

(1) 常压蒸馏 当被蒸馏的物质受热后不易发生分解或沸点不太高，可在常压进行蒸馏。常压蒸馏的装置比较简单，加热方法要根据被蒸馏物质的沸点来确定，如果沸点不高于 90℃ 可用水浴，如果超过 90℃，则可改为油浴、沙浴、盐浴或石棉浴。如果被蒸馏物质不易爆炸或燃烧，可用电炉或酒精灯直接加热，最好垫以石棉网，使受热均匀且安全。当被蒸馏物质的沸点高于 150℃ 时，可用空气冷凝管代替冷水冷凝器。常压蒸馏装置如图 1-3 所示。

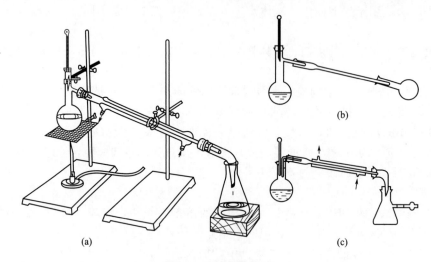

图 1-3 常压蒸馏装置
(a) 常量蒸馏；(b) 微量蒸馏；(c) 半微量蒸馏

(2) 减压蒸馏 有很多化合物特别是天然提取物在高温条件下极易分解，因此需降低蒸馏温度，其中最常用的方法就是在低压条件下进行蒸馏，在实验室中常用水泵来达到减压的目的。减压蒸馏装置如图 1-4 所示。

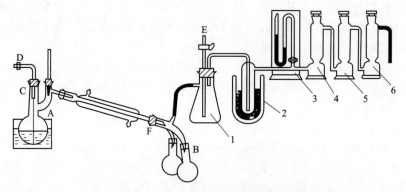

图 1-4 减压蒸馏装置
1—缓冲瓶装置；2—冷却装置；3~6—净化装置；
A—减压蒸馏瓶；B—接收器；C—毛细管；D—调气夹；E—放气活塞；F—接液管

(3) 水蒸气蒸馏 水蒸气蒸馏是将水蒸气通入含有不溶或微溶于水但有一定挥发性的有

机物的混合物中，并加热使之沸腾，使待提纯的有机物在低于100℃的情况下随水蒸气一起被蒸馏出来，从而达到分离提纯的目的。它是分离纯化有机化合物的重要方法之一。水蒸气蒸馏装置如图1-5所示。

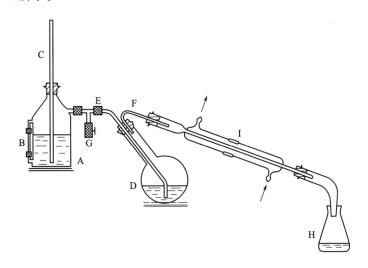

图1-5 水蒸气蒸馏装置

A—水蒸气发生器；B—液面计；C—安全管；D—长颈圆底烧瓶；E—水蒸气导管；
F—馏出液导管；G—螺旋夹；H—接受瓶；I—冷凝管

(4) 蒸馏操作注意事项

① 蒸馏瓶中装入的液体体积不超过蒸馏瓶的2/3，同时加瓷片、玻璃珠等防止暴沸，蒸汽发生瓶中也要装入瓷片或玻璃珠。

② 温度计插入高度应适当，以与通入冷凝管的支管在一个水平线上或略低一点为宜。温度计需要读取的示数部分应露在瓶外。

③ 有机溶剂应选用水浴，并注意安全。

④ 冷凝管的冷凝水应由低向高逆流。

3. 有机物破坏法

有机物破坏法主要用于食品无机元素的测定。食品中的无机元素，常与蛋白质等有机物结合，成为难溶、难离解的化合物。要测定这些无机成分的含量，需要在测定前破坏有机结合体，释放出被测组分。通常采用高温或高温加强氧化条件，使有机物分解，呈气态逸散，而被测组分残留下来。

各类方法又因原料的组成及被测元素的性质不同可有许多不同的操作条件，选择的原则应是：第一，方法简便，使用试剂越少越好；第二，方法耗时越短，有机物破坏越彻底越好；第三，被测元素不损失，破坏后的溶液容易处理，不影响以后的测定步骤。

(1) 干法灰化法 又称为灼烧法，是一种用高温灼烧的方式破坏样品中有机物的方法。干法灰化法是将一定量的样品置于坩埚中加热，使其中的有机物脱水、炭化、分解、氧化，再置于高温炉中灼烧灰化，直至残灰为白色或浅灰色为止，所得残渣即为无机成分，可供测定用。适用于除砷、汞、锑、铅等以外的元素的测定。

干法灰化法的优点是此方法基本不加或加入很少的试剂，故空白值低；因灰分体积很小，因而可处理较多的样品，可富集被测组分；有机物分解彻底，操作简单。此方法的缺点是所需时间长；温度高易造成易挥发元素（砷、汞、铅）的损失；坩埚对被测组分有吸留作用，使测定结果和回收率降低。

（2）湿法消化法 湿法消化法是向样品中加入硫酸、硝酸等强氧化剂使有机质分解，待测组分转化成无机状态存在于消化液中，供检测用。

湿法消化法的优点是有机物分解速率快，所需时间短；加热温度低，可减少金属挥发逸散的损失。此方法的缺点是消化时易产生大量有害气体，需在通风橱中操作；消化初期会产生大量泡沫外溢，需随时看管；试剂用量大，空白值偏高。

（3）微波消解法 微波消解法目前已成为测定微量元素最好的消化方法，通过微波炉快速加热与密闭容器结合使用，使消解样品的时间大为缩短。同其他消化方法相比，具有试剂用量少、空白值低、酸挥发损失少、消化更完全、更易于实现自动化控制等优点。

4．盐析法

向溶液中加入某一盐类物质，使溶质在原溶剂中的溶解度大大降低，从而从溶液中沉淀出来的方法称为盐析法。例如，在蛋白质溶液中，加入大量的盐类，特别是加入重金属盐，可使蛋白质从溶液中沉淀出来。

在进行盐析工作时，应注意溶液中所要加入的物质，它不会破坏溶液中所要析出的物质，否则达不到盐析提取的目的。此外，要注意选择适当的盐析条件，如溶液的pH、温度等。盐析沉淀后，根据溶剂和析出物质的性质和实验要求，选择适当的分离方法，如过滤、离心分离和蒸发等。

5．化学分离法

这是处理油脂或含脂肪样品时经常使用的方法。例如，油脂被浓硫酸磺化或者油脂被碱皂化后，油脂由憎水性变成亲水性，油脂中要测定的非极性物质就能较容易地被非极性或弱极性溶剂提取出来。

（1）磺化法 用浓硫酸处理样品，引进典型的极性官能团使脂肪、色素、蜡质等干扰物质变成极性较大、能溶于水和酸的化合物，与那些溶于有机溶剂的待测组分分开。磺化法主要用于对酸稳定的有机氯农药，不能用于狄氏剂和一般有机磷农药，但个别有机磷农药也可控制在一定酸度的条件下应用。

（2）皂化法 皂化法利用脂肪与碱发生反应后生成易溶于水的羧酸盐和醇，除去脂肪。此方法常用的碱为NaOH或KOH。NaOH直接用水配制，而KOH易溶于乙醇溶液。对一些碱稳定的农药（如艾氏剂、狄氏剂）进行净化时，可用皂化法除去混入的脂肪。

（3）沉淀分离法 沉淀分离法是利用沉淀反应进行分离的方法。在试样中加入适当的沉淀剂，使被测组分沉淀下来，或将干扰组分沉淀除去，从而达到分离的目的。如在检测冷饮中糖精钠含量时，可加入碱性硫酸铜，将蛋白质及其他干扰物、杂质沉淀出来，使糖精钠留在滤液中，取滤液进行分析。

（4）掩蔽法 掩蔽法利用掩蔽剂与样液中的干扰成分作用，使干扰成分转变为不干扰测定的状态，即被掩蔽起来。运用这种方法，可以不经过分离干扰成分的操作而消除其干扰作用，简化分析步骤，因而在食品分析中应用十分广泛，常用于金属元素的测定。

6．色层分离法

这是应用最广泛的分离方法之一，尤其对一系列有机物质的分析测定。色层分离法具有独特的优点，常用的色层分离有柱层析和薄层层析两种，由于选用的柱填充物和薄层涂布材料不同，因此又有各种类型的柱层析分离和薄层层析分离。色层分离的最大特点是不仅分离效果好，而且分离过程往往也就是鉴定的过程。

（1）吸附色谱分离法 该方法使用的载体为聚酰胺、硅胶、硅藻土、氧化铝等，吸附剂经活化处理后具有一定的吸附能力。样品中的各组分依其吸附能力不同被载体选择性地吸附，使其分离。例如食品中色素的检测，样品溶液中的色素经吸附剂吸附（其他杂质不被吸附），过滤、洗涤后，再用适当的溶剂解吸，得到比较纯净的色素溶液。吸附剂可以直接加入样品中吸附色素，也可将吸附剂装入玻璃管制成吸附柱或涂布成薄层板使用。

（2）分配色谱分离法 此方法是根据样品中的组分在固定相和流动相中的分配系数不同而进行分离的。当溶剂渗透于固定相中并进行渗展时，分配组分就在两相中进行反复分配，进而分离。如多糖类样品的纸色谱，样品经酸水解处理，中和后制成试液，滤纸上点样，用苯酚-1%氨水饱和溶液展开，苯胺-邻苯二甲酸显色，于105℃加热数分钟，不同的多糖可呈现出不同色斑。

（3）离子交换色谱分离法 这是一种利用离子交换剂与溶液中的离子发生交换反应实现分离的方法，根据被交换离子的电荷分为阳离子交换和阴离子交换色谱分离法。该方法可用于从样品溶液中分离待测离子，也可分离干扰组分。可将样液与离子交换剂一起混合振荡或将样液缓缓通过事先制备好的离子交换柱，则被测离子与离子交换剂上的 H^+ 或 OH^- 发生交换，被测离子上柱，或是干扰组分上柱，从而将其分离。

（4）凝胶渗透色谱法 凝胶渗透色谱又称空间排阻色谱，它是基于物质分子大小形状不同来实现分离的一种色谱技术。通过具有分子筛性质的固定相，样品中的大分子先被洗脱下来，小分子后被洗脱下来。凝胶渗透色谱法是多农药残留分析中一种常用有效的提纯方法，由于具有自动化程度高、净化效率较好及回收率较高的优点，被广泛用于纯化含类脂的复杂基体组分。

7. 浓缩法

样品提取和分离后，往往需要减少大体积溶液中的溶剂，提高溶液的浓度，使溶液体积达到所需体积。浓缩过程中很容易造成待测组分的损失，尤其是挥发性强、不稳定的微量物质更容易损失，因此，要特别注意。当浓缩至体积很小时，一定要控制浓缩速率不能太快，否则将会造成回收率降低。浓缩法回收率要求≥90%。

（1）自然挥发法 此方法将待浓缩的溶液置于室温下，使溶剂自然蒸发，浓缩速率慢、简便。

（2）吹气法 吹气法是采用吹干燥空气或氮气，使溶剂挥发的浓缩方法。此方法浓缩速率较慢，对于易氧化、蒸气压高的待测物，不能采用吹干燥空气的方法浓缩。

（3）K-D 浓缩法 K-D 浓缩法（Kuderna-Danish evaporative concentration）利用 K-D 浓缩器直接浓缩到刻度试管中，适合于中等体积（10～50mL）提取液的浓缩。K-D 浓缩器是为浓缩易挥发性溶剂而设计的，其特点是浓缩瓶与施耐德分馏柱连接，下接有刻度的收集管，可以有效地减少浓缩过程中样品的损失，且其样品收集管能在浓缩后直接定容测定，无须转移样品。它的缺点在于它只适用于易挥发的溶剂。

（4）真空旋转蒸发法 这是一种在减压、升温、旋转条件下浓缩溶剂的方法。此方法浓缩速度快、简便，待测物不易损失，是常用理想的浓缩方法之一。

三、样品预处理的现代技术

1. 超声波提取

超声波提取（ultrasonic extraction, USE）是利用超声波的空化作用、机械效应和热效应等加速有效物质的释放、扩散和溶解，显著提高提取效率的提取方法。超声波提取的主要理论依据是超声波的空化效应、热效应和机械作用。

当大能量的超声波作用于介质时，介质被撕裂成许多小空穴，这些小空穴瞬时闭合，并产生高达几千个大气压的瞬间压力，即空化现象。超声波空化中微小气泡的爆裂会产生极大的压力，使植物细胞壁及整个生物体的破裂在瞬间完成，缩短了破碎时间，同时超声波产生的振动作用加强了胞内物质的释放、扩散和溶解，从而可显著提高提取效率。

2. 微波萃取

微波萃取，即微波辅助萃取（microwave assisted extraction，MAE），是用微波能加热与样品相接触的溶剂，将所需化合物从样品基体中分离，进入溶剂中的过程。微波技术应用于天然产物成分的萃取始于 20 世纪 80 年代，此项技术已广泛应用于食品、生物样品及环境样品的分析与提取。

微波是频率在 300MHz～300GHz 之间的电磁波，常用的微波频率为 2450MHz。微波加热是利用被加热物质的极性分子（如 H_2O、CH_2Cl_2 等）在微波电磁场中快速转向及定向排列，从而产生撕裂和相互摩擦而发热。传统加热法的热传递公式为：热源—器皿—样品，因而能量传递效率受到了制约。微波加热则是能量直接作用于被加热物质，其模式为：热源—样品—器皿，空气及容器对微波基本上不吸收和反射，从根本上保证了能量的快速传导和充分利用。

3. 加速溶剂萃取

加速溶剂萃取（accelerated solvent extraction，ASE）是一种在升高温度（50～200℃）和压力（10.3～20.6MPa）的条件下，用有机溶剂萃取固体或半固体样品的自动化方法。与索氏提取、超声波提取、微波萃取、超临界萃取和经典的分液漏斗振摇等公认的成熟方法相比，加速溶剂萃取的突出优点如下：

① 有机溶剂用量少，10g 样品一般仅需 15mL 溶剂。
② 快速，完成一次萃取全过程的时间一般仅需 15min。
③ 基体影响小，对不同基体可用相同的萃取条件。
④ 萃取效率高，选择性好。

现已成熟的用溶剂萃取的方法都可采用加速溶剂萃取法，其使用方便，安全性好，自动化程度高。

4. 固相萃取

固相萃取（solid phase extraction，SPE）是近年发展起来的一种样品预处理技术，其利用固体吸附剂将液体样品中的目标化合物吸附，与样品基体和干扰化合物分离，然后用洗脱剂洗脱，达到分离和富集的目的，主要用于样品的分离、纯化和浓缩，广泛应用于医药、食品、环保、商检、农药残留等领域。与传统的液-液萃取相比，固相萃取具有如下优点。

① 可以显著减少溶剂的用量，并可以避免使用毒性较强或易燃的溶剂。
② 避免液-液萃取中乳化现象的发生，萃取回收率高，重现性好。
③ 固相萃取简便、快速，一般来说，固相萃取可以同时进行批量样品的提取与富集，大大地节约了时间。
④ 由于可选择的固相萃取填料种类很多，因此其应用范围很广。
⑤ 易于实现自动化。

5. 固相微萃取

固相微萃取（solid phase microextraction，SPME）是在固相萃取的基础上发展起来的样品预处理方法。首创于 1989 年，其操作原理与固相萃取近似，但是操作过程迥然不同。

固相微萃取以熔融石英光导纤维或其他材料为基体支持物，采取"相似相溶"的特点，在其表面涂渍不同性质的高分子固定相薄层，通过直接或顶空方式，对待测物进行提取、富集、进样和解析。它克服了以前传统的样品预处理技术的缺陷，无需溶剂和复杂装置，能直接从液体或气体样品中采集挥发性和非挥发性的化合物。

6. 液相微萃取

液相微萃取（liquid phase microextraction，LPME）技术是自 1996 年以来，随着环境分析技术的发展而发展起来的一种快速、精确、灵敏度高、环境友好的样品预处理技术。从广义上讲，该技术主要包括以下两个方面：一是基于悬挂液滴形式的微滴液相微萃取 SDME（suspended/single drop microextraction）；二是基于中空纤维的两相模式或三相模式的液-液微萃取或液-液-液微萃取。该方法具有操作简便、快捷，成本低廉，易与色谱系统联用等优点。

7. 超临界萃取

超临界萃取（supercritical fluid extraction，SFE）利用超临界流体作为溶剂，用于有选择性地溶解液体或固体混合物中的溶质。

超临界流体指的是温度、压力处于临界状态以上的流体。超临界流体具有气体和液体双重性质，它既近似于气体，黏度与气体接近（扩散性好），又近似于液体，密度与液体相近（流动性好），但其扩散系数却比液体大得多，是一种优良的溶剂，能通过分子间的相互作用和扩散作用将许多物质溶解，大大增加溶质的溶解度。常用 CO_2 作为超临界流体（临界温度为 31.05℃，临界压力为 7.37MPa），具有不可燃、无毒、廉价易得、化学稳定性好的优点。

8. 双水相萃取

双水相萃取（aqueous two phase extraction，ATPE）与水-有机相萃取的原理相似，都是依据物质在两相间的选择性分配。当萃取体系的性质不同时，物质进入双水相体系后，由于表面性质、电荷作用和各种力（如憎水键、氢键和离子键等）的存在以及环境因素的影响，使其在上、下相中的浓度不同。

双水相体系的形成主要是由于高聚物之间的不相溶性，即高聚物分子的空间阻碍作用，相互无法渗透，不能形成均一相，从而具有分离倾向，在一定条件下即可分为二相。一般认为只要两聚合物水溶液的憎水程度有所差异，混合时就可发生相分离，且憎水程度相差越大，相分离的倾向也就越大。

9. 高速逆流色谱

高速逆流色谱（high-speed counter-current chromatography，HSCCC）是应用动态液-液分配的原理，利用螺旋管的方向性与高速行星式运动相结合，使互不混溶的溶剂在螺旋管中实现高效接触、混合、分配和传递，从而将具有不同分配比的样品组分分离出来。与其他液相色谱分离技术相比，该技术不使用固相载体作为固定相，样品在互不相溶的两相中分配，克服了固相载体带来的样品吸附、损失、污染、峰形拖尾等缺点，并能重复进样，应用价值比较高。高速逆流色谱分离仪器价格低廉，性能可靠，分析成本低，易于操作，尽管与高效液相色谱分离仪器相比有时柱效不太高，但可以避免其对样品的吸附及不可回收的弊端。

10. 膜分离

膜分离（membrane separation，MS）是一种建立在选择性渗透原理基础上，以外界能量或化学位差为推动力，使被分离组分从膜的一边渗透至膜的另一边，达到分离、富集目的的方法。用于分离的膜可以是固体膜，也可以是液膜。膜分离过程的推动力有多种技术，以压力差为推动力的膜分离过程有反渗透、超滤、微孔过滤等；以浓度差为推动力的有自然渗析、乳化液膜、膜萃取等；以电位为推动力的有电渗析；以温度差为推动力的有渗透气化、膜蒸馏等。

项目检测

一、基础概念

溶剂提取法　蒸馏法　灰化法　消化法　盐析法

二、填空题

1. 为了顺利完成检验分析，需对样品进行不同程度的_____、_____、_____、_____处理，这些操作过程统称为样品的预处理。

2. 样品预处理时总的原则是_____、_____，以获得可靠的分析结果。

3. 溶剂提取法可用于提取固体、液体及半流体，根据提取对象不同可分为_____和_____。

4. 蒸馏法包括_____、_____、_____。

5. 常见的化学分离法有_____、_____、_____、_____。

6. 常见的色层分离法有_____、_____、_____、_____、_____。

三、选择题

1. 萃取的本质可表达为（　　）。
   A. 被萃取物质形成离子缔合物的过程
   B. 被萃取物质形成螯合物的过程
   C. 被萃取物质在两相中分配的过程
   D. 将被萃取物质由亲水性变为疏水性的过程

2. 使空白测定值较低的样品预处理方法是（　　）。
   A. 湿法消化法　　B. 干法灰化法　　C. 萃取法　　D. 蒸馏法

3. 湿法消化法通常采用的消化剂是（　　）。
   A. 强还原剂　　B. 强萃取剂　　C. 强氧化剂　　D. 强吸附剂

4. 选择萃取的溶剂时，萃取剂与原溶剂（　　）。
   A. 可以任意比例混溶　　B. 必须互不相溶
   C. 能发生有效的络合反应　　D. 可相互溶解

5. 当蒸馏物受热易分解或沸点太高时，可选用（　　）方法从样品中分离。
   A. 常压蒸馏　　B. 减压蒸馏　　C. 高压蒸馏　　D. 超高压蒸馏

6. 下列样品预处理中属于无机化处理的是（　　）。
   A. 蒸馏法　　B. 干灰化法　　C. 固相萃取法　　D. 色谱分离法

项目三 食品理化检测数据记录与数据管理

知识目标

1. 了解准确度与精密度的区别与联系。
2. 理解食品检验原始记录单填写要求。
3. 掌握有效数字的运算规则。
4. 理解误差的种类及来源。
5. 掌握食品检验报告单的填写要求。

技能目标

1. 规范记录数据。
2. 正确填写食品检验原始记录单。
3. 运用 Q 检验法判定可疑数据的取舍。
4. 根据准确度和精密度进行结果分析。
5. 正确填写食品检验报告单。

基本知识

一、检测结果的表示方法

食品检测结果通常要以数据的形式来反映被检物质的含量，并判定合格与否。检测结果表述时，要报告平行样测定值的算术平均值，并报告计算结果表示到小数点后的位数或有效数字位数。同时，需要用准确度与精密度等指标来评价测定方法的可信程度。

1. 准确度

准确度是指测定值与真实值的接近程度，反映测定结果的可靠性。准确度的高低可用误差或回收率来表示，误差越小或回收率越大，则准确度越高。

(1) 绝对误差　绝对误差指测量值与真实值(通常用平均值代表)之差,见式(1-2)。

$$E_i = x_i - T \tag{1-2}$$

式中　E_i——绝对误差;
　　　x_i——测量值;
　　　T——真实值。

误差越小,测量值和真实值越接近,测定结果的准确度越高。若测量值大于真实值,误差为正值。反之,为负值。

(2) 相对误差　相对误差指绝对误差占真实值的百分率,见式(1-3)。

$$E_r = \frac{E_i}{T} \times 100\% \tag{1-3}$$

式中　E_r——相对误差;
　　　E_i——绝对误差;
　　　T——真实值。

相对误差反映误差在测定结果中的比例,常用百分数(%)表示。相对误差比绝对误差更能描绘误差对样品的影响。当两个样品的绝对误差相同时,由于样品含量大小不一样,其相对误差可差若干倍。分析结果的准确度常用相对误差表示。如用分析天平称量两份试样,结果见表1-1。

表 1-1　绝对误差与相对误差

试样	实际测量值/g	真实值/g	绝对误差/g	相对误差
1	3.1356	3.1357	0.0001	0.0032%
2	0.3136	0.3137	0.0001	0.032%

由表1-1可以看出,绝对误差相同,称样量大时,相对误差小,准确度高。绝对误差不能完全地说明测定结果的准确度,即它没有与被测物质的质量联系起来。故分析结果的准确度常用相对误差表示,相对误差反映了误差在真实值中所占的比例,用来比较在各种情况下测定结果的准确度比较合理。

(3) 回收率　计算方法见式(1-4)。

$$P = \frac{x_1 - x_0}{m} \times 100\% \tag{1-4}$$

式中　m——加入标准物质的量;
　　　x_0——未知样品的测定值;
　　　x_1——加标样品的测定值。

2. 精密度

精密度指多次平行测定结果相互接近的程度,它代表测定方法的稳定性和重现性。精密度的高低用偏差来衡量。

(1) 绝对偏差　表示个别测量值与平均值的差,见式(1-5)。

$$d_i = x_i - \overline{x} \tag{1-5}$$

式中　d_i——绝对偏差;
　　　x_i——个别样品的测定值;
　　　$\overline{x}$——测量样品的平均值。

(2) 相对偏差　表示绝对偏差在平均值中所占的百分率,见式(1-6)。

$$d_r = \frac{d_i}{\overline{x}} \times 100\% \tag{1-6}$$

式中 d_r——相对偏差；

d_i——绝对偏差；

$\overline{x}$——测量样品的平均值。

（3）平均偏差 各个绝对偏差绝对值的平均值，见式(1-7)。

$$\overline{d} = \frac{\sum_{i=1}^{n}|d_i|}{n} \tag{1-7}$$

式中 $\overline{d}$——平均偏差；

d_i——绝对偏差；

n——测量样品的数目。

（4）相对平均偏差 平均偏差在平均值中所占的百分率，见式(1-8)。

$$\overline{d}_r = \frac{\overline{d}}{\overline{x}} \times 100\% \tag{1-8}$$

式中 $\overline{d}_r$——相对平均偏差；

$\overline{d}$——平均偏差；

$\overline{x}$——测量样品的平均值。

（5）标准偏差 计算方法见式(1-9)。

$$S = \sqrt{\frac{\sum_{i=1}^{n}(x_i - \overline{x})^2}{n-1}} \tag{1-9}$$

式中 S——标准偏差；

x_i——个别样品的测定值；

$\overline{x}$——测量样品的平均值；

n——测量样品的数目。

式(1-9)中，$(n-1)$ 为自由度，它说明在 n 次测定中，只有 $(n-1)$ 个可变偏差，引入 $(n-1)$，主要是为了校正以样本平均值代替总体平均值所引起的误差。

（6）相对标准偏差（变异系数） 标准偏差在平均值中所占的百分率，见式(1-10)。

$$CV = \frac{S}{\overline{x}} \times 100\% \tag{1-10}$$

式中 CV——相对标准偏差；

S——标准偏差；

$\overline{x}$——测量样品的平均值。

标准偏差较平均偏差更有统计意义，说明数据的分散程度。因此通常用标准偏差和变异系数来表示一种分析方法的精密度。

（7）极差（R）与相对极差（R_r） 计算方法见式(1-11) 和式(1-12)。

$$R = x_{\max} - x_{\min} \tag{1-11}$$

$$R_r = \frac{R}{\overline{x}} \tag{1-12}$$

式中 $x_{\max}$——一组测定结果中的最大值；

$x_{\min}$——一组测定结果中的最小值；

$\overline{x}$——多次测定结果的算术平均值。

极差也称全距或范围误差。虽然用极差表示测定数据的精密度不够严密,但因其计算简单,在食品检测中常用。

3. 准确度与精密度两者的关系

准确度与精密度是两个不同的概念,它们相互之间有一定的联系,分析结果必须从准确度和精密度两个方面来衡量。精密度是保证准确度的先决条件,只有精密度好,才能得到好的准确度;若精密度差,所测结果不可靠,就失去了衡量准确度的前提。但是,高精密度不一定能保证高的准确度,找出精密但不准确的原因(主要是由于系统误差的存在),就可以使测定结果既精密又准确。

二、原始数据记录要求

原始记录是用文字和数字对过程活动的记载,食品检测过程的原始记录是进行食品检测结果分析的重要依据,检测人员应在检测分析过程中如实记录,并妥善保存。

1. 原始性

原始记录应体现检测过程的原始性。观察结果和数据应在产生的当时予以记录,不得事后回忆追记、另行整理记录、誊抄或无关修正,但后续可根据需求再实施具体的计算步骤。

2. 可操作性

原始记录单制定过程中,应充分考虑记录的可操作性。通过使用规范的语言文字、检测依据的规范描述语句、简单易用/尺寸合适的数据表格、给每个检测数据留出足够的填写空间等,保证原始记录的可操作性;可依据检测项目特点,按照检测流程顺序或标准条款顺序安排各检测项目在原始记录中的位置顺序,提升原始记录的可操作性。

3. 真实性

原始记录的数据必须是真实的,数据的表达应真实无误地反映测量仪器的输出,包括:数值、有效位数、单位,必要时还需要记录测量仪器的误差。

4. 溯源性

原始记录中应完整记录检测过程中各种方法条件,应包含足够充分的信息,包括但不限于:测试环境信息、测试条件、使用仪器、仪器设置、每项检测日期和人员、审查数据结果的日期和负责人等,以便在可能时识别不确定度的影响因素,并确保该检测过程在尽可能接近原条件的情况下能够重复。整改后合格的试验项目,记录中仍需保留原不合格的原始数据,以及整改的方法。

5. 完整性

原始记录的内容是检测报告的重要来源。为了方便检测报告的生成,原始记录内容应完整地体现检测依据、检测项目、检测方法、检测数据和必要的过程数据。

6. 有效性

实验室应确保使用的原始记录格式为有效的受控版本。

三、数据处理方法

1. 有效数字

食品分析过程中所测得的一手数据称为原始数据,它用有效数字表示。有效数字就是实际能测量到的数字，它表示了数字的有效意义和准确程度，通常包括全部准确数字和一位不确定的可疑数字。在检测分析过程中，需注意如下内容。

① 记录测量数据时，只允许保留一位可疑数字。

② 有效数字的位数反映了测量的相对误差，不能随意舍去或保留最后一位数字。

③ 数据中的"0"做具体分析：数字之间的"0"，如 2005 中"00"都是有效数字；数字前边的"0"，如 0.012kg，其中"0.0"都不是有效数字，它们只起定位作用；数字后边的"0"，尤其是小数点后的"0"，如 2.50 中"0"是有效数字，即 2.50 是三位有效数字。

④ 在所有计算式中，常数、稀释倍数以及乘数等非测量所得数据，视为无限多位有效数字。

⑤ pH 等对数值，有效数字位数仅取决于小数部分数字的位数，如 pH 10.20，应为两位有效数字。

⑥ 大多数情况下，表示误差时，结果取一位有效数字，最多取两位。

2. 有效数字修约规则

用"四舍六入五成双"规则舍去过多的数字。即当尾数小于等于 4 时，则舍；尾数大于等于 6 时，则入；尾数等于 5 或 5 后面全是零时，若 5 前面为偶数则舍，为奇数则入；当 5 后面还有不是零的任何数时，无论 5 前面是偶是奇皆入。具体如下。

① 在拟舍弃的数字中，若左边第一个数字小于 5（不包括 5）时，则舍去，即所拟保留的末位数字不变。如将 14.2432 修约到保留一位小数，正确修约后为 14.2。

② 在拟舍弃的数字中，若左边第一个数字大于 5（不包括 5）时，则进一，即所拟保留的末位数字加一。如将 26.4843 修约到只保留一位小数，正确修约后为 26.5。

③ 在拟舍弃的数字中，若左边第一个数字等于 5，其右边的数字并非全部为零时，则进一，即所拟保留的末位数字加一。如将 1.0501 修约到只保留一位小数，正确修约后为 1.1。

④ 在拟舍弃的数字中，若左边第一个数字等于 5，其右边的数字皆为零时，所拟保留的末位数字若为奇数则进一，若为偶数（包括"0"）则不进。如将 0.3500 修约到只保留一位小数，正确修约后为 0.4。

⑤ 所拟舍弃的数字，若为两位以上数字时，不得连续进行多次修约，应根据所拟舍弃数字中左边第一个数字的大小，按上述规定一次修约出结果。如将 15.4546 修约成整数，正确修约后为 15，不得按如下方法连续修约为 16。

$$15.4546 \rightarrow 15.455 \rightarrow 15.46 \rightarrow 15.5 \rightarrow 16$$

3. 有效数字的运算

① 加减法计算的结果，其小数点以后保留的位数，应与参加运算各数中小数点后位数最少的相同（绝对误差最大），总绝对误差取决于绝对误差大的。

$$0.0121+12.56+7.8432=0.01+12.56+7.84=20.41$$

② 乘除法计算的结果，其有效数字保留的位数，应与参加运算各数中有效数字位数最少的相同（相对误差最大），总相对误差取决于相对误差大的。

$$(0.0142 \times 24.43 \times 305.84)/28.7 = (0.0142 \times 24.4 \times 306)/28.7 = 3.69$$

③ 乘方或开方时，结果有效数字位数不变。

④ 对数运算时，对数小数部分数字的位数应与真数有效数字位数相同，如 pH 4.30，则 $[H^+] = 5.0 \times 10^{-5}$ mol/L。

4. 可疑数字的取舍

在分析得到的数据中，常有个别数据特别大或特别小，偏离其他数值较远，这些数据称为可疑数据。处理可疑数据应慎重，不能为单纯追求分析结果的一致性而随便舍弃。有几种检验方法可用于分析可疑数据，Q-检验法是其中常用的一种方法。在Q-检验法中，计算Q值，并将结果与表格中的数值相比较，如果计算值比表格中的值大，那么该可疑值可被舍弃（90%置信度）。表 1-2 列出了部分舍弃结果所需的 Q 值（90%置信度）。

表 1-2 舍弃结果所需的 Q 值

测定次数 n	Q(90%置信度)	测定次数 n	Q(90%置信度)
3	0.94	7	0.51
4	0.76	8	0.47
5	0.64	9	0.44
6	0.56	10	0.41

当测定次数 $n=3\sim 10$ 时，根据所要求的置信度（如取 90%）按以下步骤，检验可疑数据是否舍弃。

① 将各数按递增顺序排列 x_1、$x_2\cdots x_n$；
② 求出最大值与最小值之差 x_n-x_1；
③ 求出可疑数据与邻近数据之差 x_n-x_{n-1} 或 x_2-x_1；
④ 求出 $Q=\dfrac{x_n-x_{n-1}}{x_n-x_1}$ 或 $Q=\dfrac{x_2-x_1}{x_n-x_1}$；
⑤ 根据测定次数 n 和要求的置信度（如 90%）查表 1-2 得 $Q_{0.90}$；
⑥ 完成 Q 检验，才能计算 $\bar{x}$ 和 S，Q 值越大可疑数据越远离群体值。

【例】 平行测定盐酸浓度（mol/L），结果为 0.1014，0.1021，0.1016，0.1013。试问 0.1021 在置信度为 90% 时是否应舍去？

解：
① 排序：0.1013，0.1014，0.1016，0.1021。
② $Q=(0.1021-0.1016)/(0.1021-0.1013)=0.62$
③ 查表 1-2，当 $n=4$，$Q_{0.90}=0.76$。
结论，因 $Q<Q_{0.90}$，故 0.1021 不应舍去。

四、分析误差的来源及控制

1. 分析误差的来源

分析结果与真实值之间的差值称为误差。根据误差产生的原因和性质，将误差分为系统误差、偶然误差和过失误差三类。

（1）系统误差 系统误差又称可测误差，它是由化验操作过程中某种固定原因造成的，按照某一确定规律发生的误差。系统误差具有单向性和重现性，其大小是可测定的，一般可以找出原因，设法消除或减少。根据其产生的原因，系统误差主要分为方法误差、仪器误差、操作误差和试剂误差。

方法误差是由于分析方法本身所造成的。例如在重量分析中，沉淀的溶解损失或吸附某些杂质而产生的误差；在滴定分析中，反应进行不完全、干扰离子的影响、滴定终点和化学计量点的不符合以及其他副反应的发生等，都会系统地影响测定结果。

仪器误差主要是仪器本身不够准确或未经校准所引起的。如天平、砝码和量器刻度不够准确等，在使用过程中就会使测定结果产生误差。

操作误差主要是指在正常操作情况下，由于分析工作者掌握操作规程与正确控制条件稍有出入而引起的。例如，使用了缺乏代表性的试样、试样分解不完全或反应的某些条件控制不当等。

试剂误差是由于试剂不纯或蒸馏水中含有微量杂质所引起的。

（2）偶然误差 偶然误差是由于某些无法控制和预测的因素随机变化而引起的误差，又称不可测误差或随机误差。其特点是大小正负不固定，无法控制和测定。

偶然误差产生的原因主要有：观察者感官灵敏度的限制或技巧不够熟练，实验条件的变化（如实验时温度、压力都不是绝对不变的）等。

偶然误差是实验中无意引入的，无法完全避免，但在相同实验条件下进行多次测量，由于绝对值相同的正、负误差出现的可能性是相等的，所以在无系统误差存在时，取多次测量的算术平均值，就可消除偶然误差，使结果更接近于真实值，且测量的次数越多，也就越接近真实值。因此在食品分析中不能以任何一次的测定值作为实验的结果，常取多次测量的算术平均值。

（3）过失误差 过失误差是指由于在操作中犯了某种不应犯的错误而引起的误差，如加错试剂、看错标度、记错读数、溅出分析操作液等错误操作。这类错误应该是完全可以避免的。在数据分析过程中对出现的个别离群的数据，若查明是由于错误引起的，应弃去此测定数据。分析人员应加强工作的责任心，严格遵守操作规程，做好原始记录，反复核对，就能避免这类错误的发生。

2. 控制和消除误差的方法

误差的大小，直接关系到分析结果的精密度和准确度，在检测过程中，应采取有效的措施降低和减少误差的出现。

（1）正确选取样品量 样品量的多少与分析结果的准确度关系很大。在常量分析中，滴定量或重量过多过少都直接影响准确度。在比色分析中，含量与吸光度之间往往只在一定范围内呈线性关系，这就要求测定时读数在此范围内，以提高准确度。通过增减样品量或改变稀释倍数可以达到此目的。

（2）校正仪器和标定溶液 各种计量测试仪器，如实验室电子天平、旋光仪、分光光度计以及移液管、滴定管、容量瓶等，在精确的分析中必须进行校准，并在计算时采用校正值。各种标准溶液（尤其是容易发生变化的试剂）应按规定定期进行标定，以保证标准溶液的浓度和质量。

（3）空白试验 在进行样品测定过程的同时，采用完全相同的操作方法和试剂，唯独不加被测定的物质，进行空白试验。在测定值中扣除空白值，就可以抵消由于试剂中的杂质干扰等因素造成的系统误差。

（4）对照试验 对照试验是检查系统误差的有效方法。在进行对照试验时，常常用已知结果的试样与被测试样一起按完全相同的步骤操作，或由不同单位、不同人员进行测定，最后将结果进行比较，这样可以抵消许多不明因素引起的误差。

（5）增加平行测定次数 测定次数越多，则平均值就越接近真实值，偶然误差亦可抵消，所以分析结果就越可靠。一般要求每个样品的测定次数不应少于两次，如要更精确地检测，检测次数应更多些。

（6）严格遵守操作规程 分析方法所规定的技术条件要严格遵守。经国家或主管部门规定的分析方法，在未经有关部门同意下，不应随意改动。

五、分析结果的报告及数据管理

1. 检验报告

在一项完整的食品检测项目中，分析结果最终以检验报告的形式体现。检验报告是质量检验的最终产物，其反映的信息和数据必须客观公正、准确可靠，填写清晰完整。

一份完整的食品检验报告由正本和副本组成。提供给服务对象的正本包括检验报告封皮、检验报告首页、检验报告续页三部分；作为归档留存的副本除具有上述三项外，还包括真实完整的检验原始记录、填写详细的产（商）品抽样单、仪器设备使用情况记录等。

检验报告的内容一般包括送检单位、样品信息（名称、包装、批号、生产日期等）、取样日期、检测日期、检测项目、检测依据、检测结果、报告日期、检验员签字、复核人签字、主管负责人签字、检验单位盖章等。

检验报告单可按规定格式设计，也可按产品特点单独设计，一般可设计成表1-3所示格式。

表1-3 检验报告单示例

＊＊＊＊＊＊（检验单位名称）

检验报告单

编号：

送检单位		样品名称	
生产单位		产品批号	
生产日期		检验依据	
送检日期		检验日期	
检验项目			

检验结果：

结论：

技术负责人：　　　　复核人：　　　　检验人：

备注：

年　月　日

2. 检验报告的填写

① 各栏目应当填写齐全，不适用的信息填写"—"。

② 填写要求字迹清楚整齐，文字、数字、符号应当易于识别，无错别字。

③ 书写信息若发生错误需要更正时，应当在错误的文字上，用平行双横划改线"＝"划改，并在近旁适当位置上（避免与其他信息重叠）填写正确的内容、划改人的签名和划改日期，不得涂改、刮改、擦改，或者用修正液修改。

④ 对于要求测试的项目，应在"检验结果"栏目中填写实际测量或者统计、计算处理后的数据。

⑤ 对于无量值要求的定性项目，应在"检验结果"栏目中做简要说明。如：合格的项目，填写"符合""有效""完好"；不合格的项目，应进行简要描述，填写"缺少……标志""……损坏"等。

⑥ 对于不适用的项目，应在"检验结果"栏目中填写"—"。

⑦ "结论"栏目中只填写"合格""不合格""复检合格""自检不合格"和"无此项"等单项结论。

项目检测

一、基础概念

准确度　精密度　系统误差　偶然误差　过失误差

二、填空题

1. 在定量分析中，_____误差影响测定结果的精密度；_____误差影响测定的准确度。

2. 偶然误差服从_____规律，因此可采取_____的措施减免偶然误差。

3. 有效数字的修约规则是_____。

4. 有效数字的运算中，加减法计算的结果，其小数点以后保留的位数，应与参加运算各数中小数点后位数_____的相同（绝对误差最大）；乘除法计算的结果，其有效数字保留的位数，应与参加运算各数中_____位数最少的相同（相对误差最大）；乘方或开方时，结果有效数字位数_____；对数运算时，对数尾数的位数应与真数有效数字位数_____。

5. 系统误差是采用校正仪器以及做_____试验、_____试验和空白试验等办法减免，而偶然误差则是采用增加_____的办法，减小偶然误差。

三、选择题

1. 以下情况产生的误差属于系统误差的是（　　）。

   A. 指示剂变色点与化学计量点不一致

   B. 滴定管读数最后一位估测不准

   C. 称样时砝码数值记错

   D. 称量过程中天平零点稍有变动

2. 下列各项定义中不正确的是（　　）。

   A. 绝对误差是测定值与真实值之差

   B. 相对误差是绝对误差在真实值中所占的百分比

   C. 偏差是指测定值与平均值之差

   D. 总体平均值就是真实值

3. 以下计算式答案 X 应为（　　）。

   $11.05+1.3153+1.225+25.0678=X$

   A. 38.6581　　B. 38.64　　C. 38.66　　D. 38.67

4. 用 25mL 移液管移取溶液，其有效数字应为（　　）。

   A. 二位　　B. 三位　　C. 四位　　D. 五位

5. 用 50mL 滴定管滴定，终点正好消耗 20mL 滴定剂，正确的数据记录应为（　　）。

   A. 20mL　　B. 20.0mL　　C. 20.00mL　　D. 20.000mL

6. 下列滴定分析操作中会产生系统误差的是（　　）。

   A. 指示剂选择不当　　　　　　　　B. 试样溶解不完全

   C. 所用蒸馏水质量不高　　　　　　D. 称量时天平平衡点有±0.1mg 的波动

模块二
食品的物理检测

 **模块介绍**

食品的物理检验是根据食品的相对密度、折射率、旋光度等物理常数与食品的组分含量之间的关系进行检测的方法。通过对食品物理指标的检测，可指导食品工业生产、鉴别食品组成、确定食品浓度及判断食品纯净程度和品质，是食品生产管理和市场监管方便快捷的检测项目。

本模块要求学生依据食品安全国家标准，利用密度计、折光仪和旋光仪，完成苹果汁的相对密度、茶饮料中可溶性固形物和味精中谷氨酸钠含量的检测任务，掌握密度、折射率和旋光度的测定方法。并在完成各个任务的过程中，掌握食品物理检验的相关知识，增强检测操作技能，提高检验岗位的职业素质。

 思政小课堂

地沟油事件

【事件】

"潲水油"，也称"地沟油"，最早源自调查报道"从潲水提炼花生油"。调查记者卧底并亲历在酒店、大排档下水道里收集潲水提炼地沟油，并加以香精冒充花生油再销往餐厅、食肆的新闻事实。至此，盛行已久且极为隐蔽的在地沟里搜集潲水提炼食用油的制假贩假现象被完全揭开。

"地沟油"，是一种质量极差、极不卫生的非食用油。一旦食用"地沟油"，会破坏人们的白细胞和消化道黏膜，引起食物中毒，甚至致癌等严重后果。所以"地沟油"是严禁用于食用油领域的。但是，也确有一些人私自生产加工"地沟油"并作为食用油低价销售给一些小餐馆，给人们的身心都带来极大伤害。

【启示】

1. 奉献精神。"地沟油事件"的揭开起始于调查记者的卧底暗访，为了获取事实真相，冒着生命危险卧底于违法犯罪分子之中，展现了作为记者的"敬业、精业、奉献"的职业素养。作为食品从业人员，在工作中也要秉承"敬业、精业、奉献"职业精神，为我国的食品事业贡献一份力量。

2. 法律意识。"地沟油"对人体的危害巨大，利用"地沟油"加工食用油等属于违法犯罪行为，可采用刑法规定的"在生产、销售的食品中掺入有毒、有害的非食品原料"进行定罪。"法治社会是构筑法治国家的基础"，要牢固树立法律意识，坚持以诚信为本，不能利欲熏心，坚守道德底线和法律底线。

项目一　食品密度与相对密度的测定

 知识目标

1. 掌握密度与相对密度的概念及测定的意义。
2. 了解液态食品的浓度与相对密度的关系。
3. 了解比重计、密度瓶的结构和测定原理及使用方法。

技能目标

1. 会使用密度瓶和比重计。
2. 能够检测食品的相对密度。
3. 能依据说明操作韦氏相对密度天平。

 基本知识

一、密度与相对密度

1. 密度

密度是指在一定温度下，单位体积物质的质量，以符号 ρ 表示，其单位为 g/mL 或 g/cm³。物质的体积、密度随温度而变化，4℃时水的密度为 1.000g/mL。

2. 相对密度

相对密度是指某一温度下物质的质量与同体积某一温度下水的质量之比，以符号 $d_{t_2}^{t_1}$ 表示。其中 t_1 表示物质的温度，t_2 表示水的温度。密度与相对密度之间的关系为

$$d = \frac{t_1 \text{温度下物质的密度}}{t_2 \text{温度下同体积水的密度}}$$

液体的相对密度指液体在 20℃时的质量与同体积的水在 4℃时的质量之比，以符号 d_4^{20}

表示。实际工作中,用密度计或密度瓶测定溶液的相对密度时,通常在同温度下测定较为方便,测定温度通常为20℃,即测得d_{20}^{20},它们之间的关系如式(2-1)所示。

$$d_4^{20}=d_{20}^{20}\rho_{20}/\rho_4 \tag{2-1}$$

式中 ρ_{20}——20℃时纯水的密度,0.998230g/mL;
  ρ_4——4℃时纯水的密度,1.000g/mL。

二、食品相对密度测定的意义

相对密度是物质重要的物理常数,各种液态食品都有一定的相对密度,与其所含固形物含量之间具有一定的数学关系。测定液态食品的相对密度可得出固形物的含量。当其所含固形物的成分及浓度发生变化时,相对密度随之改变。因此,液态食品的相对密度可用于检验食品的纯度或浓度。当变质或掺杂发生时,液体食品的组成成分及含量会发生变化,相对密度也会发生变化。测定相对密度可初步判定食品是否正常,以及纯净的程度。

例如,在15℃时,正常全脂牛乳的相对密度为1.028~1.034,脱脂乳的相对密度为1.034~1.040,当牛乳的相对密度低于1.028时,很可能掺水,而相对密度高于1.034时,很可能是加了脱脂乳或牛乳部分脱脂,因此,常用比重计检测牛乳的相对密度和全乳固体来判断牛乳是否掺水或掺杂。

三、食品相对密度测定的依据及方法

液体试样相对密度的测定方法有密度瓶法、密度计法和密度天平法。其中,密度瓶法测定结果最准确,但耗时长,效率低;密度计法简单快捷,应用广泛,但结果准确度较差。下面介绍密度瓶法和密度计法。

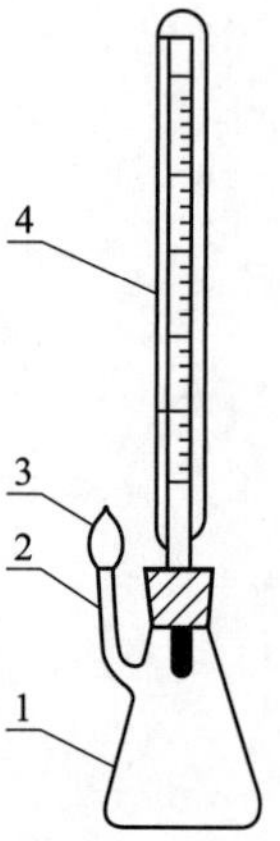

1. 密度瓶法

(1) 原理 20℃时分别测定充满同一密度瓶的水及试样的质量即可计算出相对密度,由水的质量确定密度瓶的容积即试样的体积,根据试样的质量及体积可计算密度。

(2) 仪器 密度瓶结构见图2-1。

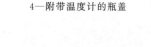

图2-1 密度瓶
1—密度瓶;2—支管标线;3—支管上小帽;4—附带温度计的瓶盖

(3) 测定 先把密度瓶洗干净,再依次用乙醇、乙醚洗涤,烘干并冷却后,精密称重。装满试样后,置20℃水浴中浸泡30min,使内容物的温度达到20℃,盖上瓶盖,并用细滤纸条吸去支管标线上的试样,盖好小帽后取出,用滤纸将密度瓶外擦干,置于天平室内30min,称量。再将试样倾出,洗净密度瓶,装入煮沸并冷却到20℃以下的蒸馏水,按上法操作,测出同体积20℃蒸馏水的质量。

相对密度按式(2-2)计算:

$$d=\frac{m_2-m_0}{m_1-m_0} \tag{2-2}$$

式中 d——液体试样在20℃时的相对密度;
  m_0——密度瓶的质量,g;
  m_1——密度瓶加水的质量,g;
  m_2——密度瓶加液体试样的质量,g。

计算结果表示到称量天平精度的有效数位（精确到 0.001）。

（4）注意事项

① 该方法适用于测定各种液体食品的相对密度，特别适合于样品量较少的场合，对挥发性样品也适用，结果准确，但操作较烦琐。

② 液体必须装满密度瓶，瓶内不得有气泡。

③ 恒温时要注意及时用小滤纸条吸去溢出的液体，不能让液体溢出到瓶壁上。

④ 测定较黏稠的样液时，宜使用具有毛细管的密度瓶。

⑤ 拿取恒温后的密度瓶时，不得用手直接接触密度瓶瓶体，戴隔热手套或用工具拿取。天平室内温度保持 20℃恒温条件，避免液体受热膨胀流出。

⑥ 水浴中的水必须清洁无油污，防止污染瓶外壁。

⑦ 擦干时小心吸干，不能用力擦，以免温度上升。

2. 密度计（比重计）法

（1）原理 密度计（比重计）根据阿基米德原理制成的，其种类很多，但结构和形式基本相同，都是由玻璃制成的，头部呈球形或圆锥形，里面灌有铅珠、水银或其他重金属，使其能立于溶液中，中部是胖肚空腔，内有空气，故能浮起，尾部是一细长管，内附有刻度标记，刻度是按各种不同密度的液体标注的。

（2）使用方法 将待测液体倒入一个较高的容器，再将密度计缓慢放入液体中，勿碰及容器四周及底部，密度计下沉到一定高度后呈漂浮状态，待其稳定悬浮于样液后，再将其稍微按下，使其自然上升直至静止，此时液面的位置在玻璃管上所对应的刻度就是该液体的密度，同时用温度计测量样液的温度。测得试样和水的密度的比值即相对密度。

（3）技术提示

① 测量时，应将混匀的被测样液沿壁徐徐注入适当容积的清洁量筒中，避免产生泡沫。

② 该方法操作简便、迅速，但准确性差，需要样液量多，且不适用于极易挥发的样品。

③ 操作时密度计不能接触量筒的壁及底部。

④ 读数时应以密度计与液体形成的弯月面下缘为准。若液体颜色较深，不易看清弯月面下缘时，则以弯月面上缘为准。

任务一 苹果汁相对密度的测定

【任务描述】

现有一饮料生产企业委托检测其生产的一批苹果汁相关指标是否合格，请协助该企业完成这一批次苹果汁的相对密度检测工作，并填写检验报告。

【任务准备】

1. 参考标准

《食品安全国家标准 食品相对密度的测定》（GB 5009.2—2024）。

2. 仪器设备

锥形瓶、过滤器。

密度瓶：如图 2-1 所示。
分析天平：感量 0.1mg。
恒温水浴锅。

【任务实施】

1. 如果被测苹果汁中含有一定量的二氧化碳，先用力振动锥形瓶，尽可能全部赶出瓶中的二氧化碳。然后，在盖有透明玻璃塞的过滤器上过滤。如需要，可以重复进行。

2. 取洁净、干燥、恒重、准确称量的密度瓶，装满试样后，置 20℃ 水浴中浸 30min，使内容物的温度达到 20℃，盖上瓶盖，并用细滤纸条吸去支管标线上的试样，盖好小帽后取出，用滤纸将密度瓶外擦干，置分析天平室内 30min，称量。再将试样倾出，洗净密度瓶，装满水，置 20℃ 水浴中浸 30min，使内容物的温度达到 20℃，盖上瓶盖，并用细滤纸条吸去支管标线上的试样，盖好小帽后取出，用滤纸将密度瓶外擦干，置分析天平室内 30min，称量。密度瓶内不应有气泡，天平室内温度保持 20℃ 恒温条件，否则不应使用此方法。

苹果汁在 20℃ 时的相对密度按式（2-3）进行计算：

$$d = \frac{m_2 - m_0}{m_1 - m_0} \tag{2-3}$$

式中 d——苹果汁在 20℃ 时的相对密度；
m_0——密度瓶的质量，g；
m_1——密度瓶加水的质量，g；
m_2——密度瓶加苹果汁的质量，g。

计算结果表示到称量天平精度的有效数位（精确到 0.001）。

3. 精密度：在重复性条件下获得的两次独立测定结果的绝对差值不得超过算术平均值的 5%。

【结果与评价】

填写任务工单中的测定苹果汁相对密度数据记录表，按任务工单中的苹果汁相对密度的测定任务完成情况总结评价表对工作任务的完成情况进行总结评价。

项目检测

一、基础概念

密度　相对密度　密度与相对密度的换算

二、填空题

1. 密度是指_____。相对密度是指_____。
2. 密度检测一般重复_____次，最终结果取平均值。
3. 测定食品相对密度时，称量的正确姿势为_____。
4. 密度瓶干燥温度为_____℃。干燥时，带温度计的密度瓶塞不能放在干燥箱中干燥。
5. 密度瓶法测定相对密度过程中，在内容物达到 20℃ 后，取出擦干，需在 20℃ 恒温天平室内放置 0.5h，其目的是_____。

三、选择题

1. 物质在某温度下的密度与在同体积、同温度下对 4℃水的相对密度的关系是（   ）。
   A. 相等的　　　　　B. 数值上相同的　　　C. 可换算的　　　　D. 无法确定的
2. （   ）可测定酒中乙醇含量以及检测牛乳是否掺水及脱脂等。
   A. 折射率法　　　　B. 旋光度法　　　　　C. 密度法　　　　　D. 黏度法
3. 用密度瓶法测定食品的相对密度时，天平室内温度应保持在（   ）。
   A. 20℃　　　　　　B. 30℃　　　　　　　C. 35℃　　　　　　D. 40℃

项目二 食品折射率的测定

> 知识目标
>
> 1. 了解食品折射率的测定意义。
> 2. 理解折射率的概念及测定原理。
> 3. 掌握测定食品中可溶性固形物的方法。

> 技能目标
>
> 1. 会解读食品中可溶性固形物测定的国家标准。
> 2. 会使用和维护折光仪等仪器设备。
> 3. 能准确测定食品中可溶性固形物的含量。

基本知识

一、折射率的基本概念

1. 光的反射和折射

（1）光的反射

① 定义。一束光照射在两种介质的分界面上时，仍在原介质上传播，这种现象叫光的反射，见图 2-2。

② 光的反射定律。入射线、反射线和法线总是在同一平面内，入射线和反射线分居于法线的两侧。入射角等于反射角。

（2）光的折射

① 定义。当光从一种介质照射到另一种介质时，在分界面上，光的传播方向发生了改变，一部分光进入第二种介质，这种现象称为光的折射，如图 2-3 所示。

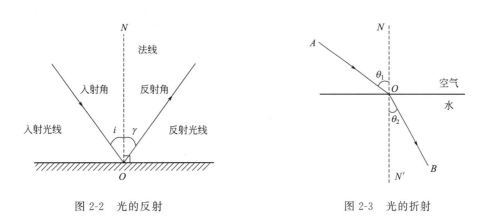

图 2-2 光的反射　　　　　图 2-3 光的折射

② 光的折射定律。入射线、法线和折射线在同一平面内，入射线和折射线分居法线的两侧；无论入射角怎样改变，入射角正弦与折射角正弦之比等于光在两种介质中的传播速度之比，如式(2-4) 所示。

$$\frac{\sin\alpha_1}{\sin\alpha_2}=\frac{v_1}{v_2} \tag{2-4}$$

式中　v_1——光在第一种介质中的传播速度；
　　　v_2——光在第二种介质中的传播速度；
　　　α_1——入射角；
　　　α_2——折射角。

(3) 折射率　光在真空中的速度 c 和在介质中的速度 v 之比，叫作介质的绝对折射率（简称折射率），以 n 表示，满足式(2-5) 关系。

$$n=\frac{c}{v} \tag{2-5}$$

由式(2-4)、式(2-5) 得式(2-6)。

$$\frac{\sin\alpha_1}{\sin\alpha_2}=\frac{n_2}{n_1} \tag{2-6}$$

式中　n_1，n_2——第一种介质和第二种介质的绝对折射率。

在实际应用中，可将光从空气中照射入某物质的折射率称为绝对折射率。

2. 全反射与临界角

(1) 光密介质与光疏介质　两种介质相比较，光在其中传播速率较大的叫光疏介质，其折射率较小；反之叫光密介质，其折射率较大。

(2) 全反射与临界角　当光从光疏介质进入光密介质（如光从空气进入水中，或从样液进入棱镜中）时，因 $n_1<n_2$，由折射定律可知折射角 α_2 恒小于入射角 α_1，即折射线靠近法线；反之当光从光密介质进入光疏介质（如从棱镜射入样液）时，因 $n_1>n_2$，折射角 α_2 恒大于入射角 α_1，即折射线偏离法线。

在后一种情况下如逐渐增大入射角，折射线会进一步偏离法线，当入射角增大到某一角度，如图 2-4 中 2 的位置时，其折射线 2′恰好与 OM 重合，此时折射线不再进入光疏介质而

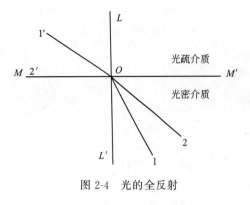

图 2-4 光的全反射

是沿两介质的接触面 OM 平行射出，这种现象称为全反射（见图 2-4）。

发生全反射的入射角称为临界角。因为发生全反射时折射角等于 90°，所以满足式(2-7)。

$$n_1 = n_2 \sin\alpha_{临} \tag{2-7}$$

式中 n_2——棱镜的折射率，是已知的。

临界角 $\alpha_{临}$ 随着样液浓度大小而变化。因此，只要测得了临界角 $\alpha_{临}$ 就可求出被测样液的折射率 n_1。

折光仪就是利用临界角原理测定样液的折射率。

二、折射率测定的意义

1．折射率可反映食品的质量浓度

蔗糖溶液的折射率随浓度增大而升高。通过测定折射率可以确定糖液的浓度及饮料、糖水罐头等食品的糖度，还可以确定以糖为主要成分的蜂蜜、果汁等食品的可溶性固形物的含量。必须指出的是：对于含有不溶性固形物的食品如果泥、果酱等，不能用折光法直接测得总固形物，因为固体粒子不能在折光仪上反映出折射率。但对于番茄酱等个别食品，已通过实验编制了总固形物与可溶性固形物关系表。先用折光法测定可溶性固形物的含量，即可查出总固形物的含量。

2．折射率可反映油脂组分和品质

各种油脂具有一定的脂肪酸构成，每种脂肪酸均有其特定的折射率。含碳原子数目相同的不饱和脂肪酸的折射率比饱和脂肪酸的折射率大得多；不饱和脂肪酸分子量越大，折射率也越大；酸度高的油脂折射率低。因此测定折射率可以鉴别油脂的组成和品质。

正常情况下，某些液态食品的折射率有一定的范围。当这些液态食品由于掺杂、浓度改变或品种改变等原因而引起食品的品质发生了变化时，折射率常常会发生变化。所以测定折射率可以初步判断某些食品是否正常。如乳品用折光仪来测定牛乳中乳糖的含量，正常牛乳乳清的折射率为 1.34199～1.34275，若牛乳掺水，其折射率降低，故测定牛乳乳清的折射率即可了解乳糖的含量，判断牛乳是否掺水。

三、食品折射率的测定依据及方法

测定折射率常用阿贝折光仪和手持式折光仪。

1．阿贝折光仪

（1）阿贝折光仪结构　阿贝折光仪见图 2-5。

（2）使用方法

① 仪器的校正。通常用测定蒸馏水折射率的方法进行校准，在 20℃下折光仪应表示出折射率为 1.33299 或可溶性固形物为 0%。若校正时温度不是 20℃应查表 2-1，查出该温度下蒸馏水的折射率再进行核准。对于高刻度值部分，用具有一定折射率的标准玻璃块校正。将直角棱镜打开，用少许 1-溴代萘将标准玻璃块（没有刻度的一面）黏附于光滑的棱镜面上，标准玻璃块的另一个抛光面向上，以接受光线，转动棱镜，使标尺读数

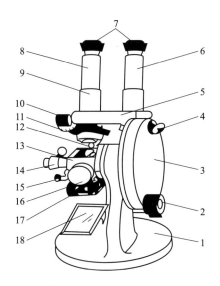

图 2-5 阿贝折光仪

1—底座;2—棱镜调节旋钮;3—圆盘组(内有刻度板);4—小反光镜;5—支架;
6—读数镜筒;7—目镜;8—观察镜筒;9—分界线调节螺丝;10—消色散调节
旋钮;11—色散刻度尺;12—棱镜锁紧扳手;13—棱镜组;14—温度计插座;
15—恒温器接头;16—保护罩;17—主轴;18—反光镜

等于标准玻璃块上的刻示值(读数时打开小反光镜)。观察目镜中明暗分界线是否在十字交叉点上,如有偏差,用方孔调节扳手转动示值调节螺钉,使明暗分界线在十字交叉点处上。

阿贝折光仪的使用

表 2-1 蒸馏水在 10~30℃时的折射率

温度/℃	纯水折射率	温度/℃	纯水折射率
10	1.33371	21	1.33290
11	1.33363	22	1.33281
12	1.33359	23	1.33272
13	1.33353	24	1.33263
14	1.33346	25	1.33253
15	1.33339	26	1.33242
16	1.33332	27	1.33231
17	1.33324	28	1.33220
18	1.33316	29	1.33208
19	1.33307	30	1.33196
20	1.33299		

② 样品测定。旋开测量棱镜和辅助棱镜的闭合旋钮,使辅助棱镜的磨砂斜面处于水平位置,如果棱镜表面不清洁,可以用脱脂棉球蘸取乙醇擦净棱镜表面,挥干乙醇。

滴加 1~2 滴样液于进光棱镜磨砂面上(滴管口千万别碰划镜面),再旋转锁紧手柄,合上棱镜,使液体夹在两棱镜的夹缝中形成一液层,液体要充满视野,且无气泡。

③ 调光。调节反光镜 4 和 18,使镜筒内视野达到最亮。转动棱镜调节旋钮 2,使棱镜

组13转动,在视野出现明暗两部分时,旋转消色散调节旋钮10,消除视野中的彩色带,使视野中只有黑白两色。转动棱镜调节旋钮,使明暗分界线在十字交叉点上,如图2-6所示。

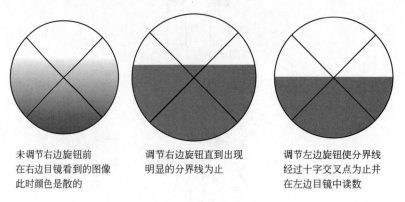

未调节右边旋钮前　　　调节右边旋钮直到出现　　调节左边旋钮使分界线
在右边目镜看到的图像　　明显的分界线为止　　　　经过十字交叉点为止并
此时颜色是散的　　　　　　　　　　　　　　　　在左边目镜中读数

图2-6　视窗变化情况

④ 读数。从读数望远镜中读出刻度盘上的可溶性固形物含量或者折射率数值,如图2-7所示。

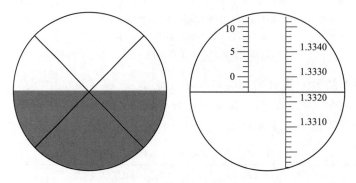

图2-7　阿贝折光仪读数视野图

⑤ 清洗。打开棱镜,用蒸馏水、乙醇或乙醚擦净棱镜表面及其他各机件。

(3) 阿贝折光仪测定食品可溶性固形物的含量

① 样品处理。透明的液体制品:将试样充分混匀,直接测定;半黏稠制品:将试样充分混匀,用四层纱布挤出滤液,弃去最初几滴,收集滤液供测试用;含悬浮物质制品:将待测样品置于组织捣碎机中捣碎,用4层纱布挤出滤液,弃去最初几滴,收集滤液待测试用。

② 样品测定。

a. 分开折光仪两面棱镜,用脱脂棉蘸乙醚或乙醇擦净。

b. 测定前先用蒸馏水或标准板校正折光仪。

c. 脱脂棉蘸乙醚或乙醇拭干棱镜后,用玻璃棒蘸取试液2～3滴,滴于折光仪棱镜面中央(注意勿使玻璃棒触及镜面)。

d. 迅速闭合棱镜,静置1min,使试液均匀无气泡,并充满视野。

e. 对准光源,调节旋钮,使视野分成明暗两部分,再旋转微调旋钮,使明暗界限清晰,并使其分界线恰在十字交叉点上。读取目镜视野中的固形物含量,并记录温度。

③ 计算。不经稀释的液体或半黏稠制品,可溶性固形物的含量直接读取。经稀释的黏稠制品,可溶性固形物的含量按式(2-8)计算。

$$X(\%) = Df \qquad (2-8)$$

式中　D——稀释后溶液里可溶性固形物的含量，%；
　　　f——稀释倍数。

本方法适用于黏稠制品、高浓度制品、含悬浮物质的制品。

2．手持式折光仪

（1）手持式折光仪结构　手持式折光仪见图2-8。

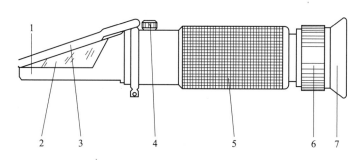

图2-8　手持式折光仪示意图
1—棱镜座；2—检测棱镜；3—盖板；4—调节螺丝；5—镜筒和手柄；
6—视度调节手轮；7—目镜

（2）使用方法

① 打开盖板3，用软布仔细擦净检测棱镜2。取待测溶液数滴，置于检测棱镜上，轻轻合上盖板，避免气泡产生，使溶液遍布棱镜表面。将盖板3对准光源或明亮处，眼睛通过目镜观察视场，转动视度调节手轮6，使视场的蓝白分界线清晰。分界线的刻度值即为溶液的浓度。

② 校正和温度修正。在20℃环境下，仪器在测量前需要校正。取标准液一滴，涂抹在蓝色检测棱镜上，然后把标准玻璃块亮面盖在上面，拧动零位调节螺丝4，使分界线调至刻度78.8%的位置。擦净检测棱镜后，可以进行检测。

如果测量时温度高于或低于20℃，利用温度修正表，见表2-2，在环境温度下读得的数值加（或减）温度修正值，获得准确数值。实际测定时温度高于20℃，则加上校正值；低于20℃则减去校正值。

表2-2　20℃时可溶性固形物含量对温度的校正表

温度/℃	可溶性固形物含量/%														
	0	5	10	15	20	25	30	35	40	45	50	55	60	65	70
	应减去校正值														
10	0.50	0.54	0.58	0.61	0.64	0.66	0.68	0.70	0.72	0.73	0.74	0.75	0.76	0.78	0.79
11	0.46	0.49	0.53	0.55	0.58	0.60	0.62	0.64	0.65	0.66	0.67	0.68	0.69	0.70	0.71
12	0.42	0.45	0.48	0.50	0.52	0.54	0.56	0.57	0.58	0.59	0.60	0.61	0.61	0.63	0.63
13	0.37	0.40	0.42	0.44	0.46	0.48	0.48	0.49	0.51	0.52	0.53	0.54	0.54	0.55	0.55
14	0.33	0.35	0.37	0.39	0.40	0.41	0.41	0.42	0.44	0.45	0.45	0.46	0.46	0.47	0.48
15	0.27	0.29	0.31	0.33	0.34	0.34	0.34	0.35	0.37	0.37	0.38	0.39	0.39	0.40	0.40
16	0.22	0.24	0.25	0.26	0.27	0.28	0.28	0.28	0.30	0.30	0.30	0.31	0.31	0.32	0.32
17	0.17	0.18	0.19	0.20	0.21	0.21	0.21	0.21	0.22	0.23	0.23	0.23	0.23	0.24	0.24
18	0.12	0.13	0.13	0.14	0.14	0.14	0.14	0.14	0.15	0.15	0.15	0.16	0.16	0.16	0.16
19	0.06	0.06	0.06	0.07	0.07	0.07	0.07	0.07	0.08	0.08	0.08	0.08	0.08	0.08	0.08

续表

温度/℃	可溶性固形物含量/%														
	0	5	10	15	20	25	30	35	40	45	50	55	60	65	70
	应加入校正值														
21	0.06	0.07	0.07	0.07	0.07	0.08	0.08	0.08	0.08	0.08	0.08	0.08	0.08	0.08	0.08
22	0.13	0.13	0.14	0.14	0.15	0.15	0.15	0.15	0.15	0.16	0.16	0.16	0.16	0.16	0.16
23	0.19	0.20	0.21	0.22	0.22	0.23	0.23	0.23	0.24	0.24	0.24	0.24	0.24	0.24	0.24
24	0.26	0.27	0.28	0.29	0.30	0.30	0.31	0.31	0.31	0.31	0.31	0.32	0.32	0.32	0.32
25	0.33	0.35	0.36	0.37	0.38	0.38	0.39	0.40	0.40	0.40	0.40	0.40	0.40	0.40	0.40
26	0.40	0.42	0.43	0.44	0.45	0.46	0.47	0.48	0.48	0.48	0.48	0.48	0.48	0.48	0.48
27	0.48	0.50	0.52	0.53	0.54	0.55	0.55	0.56	0.56	0.56	0.56	0.56	0.56	0.56	0.56
28	0.56	0.57	0.60	0.61	0.62	0.63	0.63	0.63	0.64	0.64	0.64	0.64	0.64	0.64	0.64
29	0.64	0.66	0.68	0.69	0.71	0.72	0.72	0.73	0.73	0.73	0.73	0.73	0.73	0.73	0.73
30	0.72	0.74	0.77	0.78	0.79	0.80	0.80	0.81	0.81	0.81	0.81	0.81	0.81	0.81	0.81

(3) 说明

① 调零和测量必须在同一温度范围内。如果温度变化很大，需等待 30min 后重新调节一次零点再测量。

② 棱镜必须被迅速擦净，因为其上存留的不洁物质将使测量发生错误。

③ 使用完毕后，切勿用水冲洗仪器，以防潮气进入仪器内部。

④ 折光仪是一种很精密的光学仪器，必须轻拿轻放并妥善保管。不要用手触摸或用锐利物品刮擦光学零件表面，以防划伤。折光仪应放在干燥、清洁、无腐蚀性的环境中，以防发生霉变和产生雾状物。在运输过程中避免猛烈撞击。

任务二　茶饮料中可溶性固形物含量的测定

【任务描述】

饮料中可溶性固形物主要是指可溶性糖类，包括单糖、双糖、多糖（除淀粉，纤维素、几丁质、半纤维素不溶于水），果汁一般含糖量在 100g/L 以上（以葡萄糖计），主要是蔗糖、葡萄糖和果糖，可溶性固形物含量可达 9% 左右。测定可溶性固形物的含量可以衡量水果成熟情况，以便确定采摘时间，同时也可反映饮料中的含糖量；果汁、蜂蜜中的可溶性固形物的含量可以表征其物质组成。茶饮料是指以茶叶的萃取液、茶粉、浓缩液为主要原料添加或不添加甜味剂及香精等其他辅料加工而成的饮料，因此测定其可溶性固形物的含量无论在饮料生产过程中还是成品检测中都具有重要意义。

现一茶饮料生产企业委托对其某一批次的茶饮料中可溶性固形物进行检测，请协助该公司完成该批次下茶饮料中可溶性固形物含量的测定，并填写检验报告。

【任务准备】

1. 参考标准

《饮料通用分析方法》（GB/T 12143—2008）。

2．仪器设备

阿贝折光仪：测定范围0%～80%，精确度±0.1%。

【任务实施】

1．校正

分开折光仪两面棱镜，用脱脂棉蘸乙醇擦净。用末端熔圆的玻璃棒蘸取蒸馏水2～3滴，滴于折光仪棱镜面中央（注意勿使玻璃棒触及镜面）。迅速闭合棱镜，静置1min，使试液均匀无气泡，并充满视野。对准光源，通过目镜观察。调节刻度调节旋钮，使视野分成明暗两部，再旋转消色散旋钮，使明暗界限清晰，通过不断调节刻度旋钮和消色散旋钮，使右侧目镜视野中分界线恰在十字交叉点上。读取左侧目镜视野中的百分刻度示数是否为0，如有偏差，用方孔调节扳手转动示值调节螺钉，使目镜中百分刻度示数为0。

2．样品测定

旋开棱镜的闭合旋钮，用脱脂棉球蘸取乙醇擦净棱镜表面，挥干乙醇。用圆头玻璃棒蘸取试液2～3滴，滴于折光仪棱镜面中央（注意勿使玻璃棒触及镜面）。迅速闭合棱镜，静置1min，使试液均匀无气泡，并充满视野。对准光源，通过目镜观察，调节棱镜旋钮，使视野分成明暗两部，再旋转微调旋钮，使明暗界限清晰，并使其分界线恰在十字交叉点上。读取目镜视野中的百分数，并记录棱镜温度。

3．分析结果表述

如棱镜温度不是20℃，将上述含量按表2-2换算为20℃时可溶性固形物含量（%）。

4．精密度

同一样品两次测定值之差，不应大于0.5%。取两次测定值的算术平均值作为结果，精确到小数点后一位。

【结果与评价】

填写任务工单中的测定茶饮料可溶性固形物含量数据记录表。按任务工单中的测定茶饮料中可溶性固形物含量任务完成情况总结评价表对工作任务的完成情况进行总结评价。

【注意事项】

1．使用时要注意保护棱镜，清洗时只能用擦镜纸而不能用滤纸等。

2．折射率通常在20℃时测定，如果温度不是20℃，应按照实际测定的温度进行校正。

3．测定前，折光仪读数应用棱镜或水进行校正，水的折射率20℃时为1.3330，25℃时为1.3325，40℃时为1.3305。

4．在滴加样品时，要小心操作，防止滴管触碰折射镜表面，否则镜面会划出伤痕而损坏。若被测液体易挥发，动作要迅速，或先将两块棱镜闭合，然后用滴管从加液孔中补充样液，以保证样液充满棱镜夹缝，注意切勿将滴管折断在孔内。

5．不要用阿贝折光仪测定强酸、强碱等有腐蚀性的液体。

6．操作过程中，严禁油手或汗水触及光学零件，以免污染零件。

7．要注意保养仪器，搬动仪器时，应避免强烈震动或撞击，以防止损伤光学元件及影响仪器精度。

8．阿贝折光仪使用前后，棱镜要用丙酮或乙醚擦洗干净并干燥。

项目检测

一、基础概念

折射率　可溶性固形物

二、填空题

1. 阿贝折光仪的校正方法有_____，_____。
2. 影响折射率测定数值的因素有_____，_____。
3. 阿贝折光仪的使用步骤有_____、_____、_____、_____、_____。
4. 可溶性固形物是指_____。
5. 折射率与物质浓度关系是_____。

三、选择题

1. 光的折射现象产生的原因是（　　）。
   A. 光在各种介质中行进方式不同造成的　　B. 光是直线传播的
   C. 两种介质不同造成的　　D. 光在各种介质中行进的速度不同造成的
2. 对于同一物质的溶液来说，其折射率大小与其浓度（　　）。
   A. 成正比　　B. 成反比
   C. 没有关系　　D. 有关系，但不是简单的正比或反比关系
3. 对茶饮料进行可溶性固形物的测定，平行结果符合检验要求的是（　　）。
   A. 10.2％，10.5％　　B. 11.2％，12.0％
   C. 10.3％，11.1％　　D. 10.4％，11.0％

项目三　食品旋光度的测定

知识目标

1. 了解食品旋光度的测定意义。
2. 理解旋光现象、旋光度及比旋光度的概念及测定原理。
3. 掌握测定食品旋光度的方法。

技能目标

1. 会解读食品中比旋光度测定国家标准。
2. 会使用和维护旋光仪等仪器设备。
3. 能准确测定食品的旋光度并正确计算。

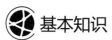 基本知识

一、旋光现象、旋光度和比旋光度

1. 旋光现象

偏振光通过某些晶体或物质的溶液时，其振动面以光的传播方向为轴线发生旋转的现象，称为旋光现象。光是一种电磁波，即光波的振动方向与其前进方向互相垂直。自然光有无数个与光的前进方向互相垂直的光波振动面。若光波前进的方向指向我们，则与之互相垂直的光波振动平面可表示为图 2-9(a)，图中箭头表示光波振动方向。自然光通过尼科尔（Nicol）棱镜，振动面与尼科尔棱镜的光轴平行的光波才能通过棱镜，通过棱镜的光，只有一个与光的前进方向互相垂直的光波振动面，如图 2-9(b) 所示，这种只在一个平面上振动的光叫平面偏振光，简称偏振光。

当平面偏振光通过某种介质后，偏振面的方向就被旋转了一个角度。这种能使偏振面旋

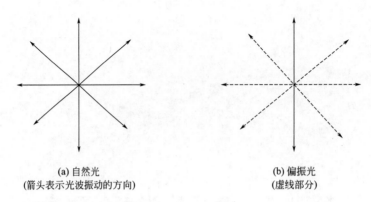

(a) 自然光
(箭头表示光波振动的方向)

(b) 偏振光
(虚线部分)

图 2-9　自然光与偏振光

转的性能称为旋光性。具有旋光性的物质叫作旋光性物质或光学活性物质。许多食品成分都具有光学活性，如单糖、低聚糖、淀粉以及大多数氨基酸等。能把偏振光的振动平面向右旋转（顺时针方向）的称为"具有右旋性"，以（＋）号表示；使偏振光振动平面向左旋转（逆时针方向）的称为"具有左旋性"，以（－）号表示。

2．旋光度与比旋光度

偏振光通过光学活性物质的溶液时，其振动平面所旋转的角度叫作该物质溶液的旋光度，以 α 表示。物质的旋光度的大小与入射光波长、温度、旋光性物质的种类、溶液浓度及液层厚度有关，在波长、温度一定时，旋光度与溶液浓度 c 及偏振光所通过的溶液厚度 L 成正比，即式(2-9)：

$$\alpha = KcL \tag{2-9}$$

当旋光性物质的浓度为 1g/mL，$L=1$dm 时，所测得的旋光度为比旋光度，用 $[\alpha]_\lambda^t$ 表示，由式(2-9) 可得式(2-10)：

$$[\alpha]_\lambda^t = \frac{\alpha}{Lc} \tag{2-10}$$

式中　$[\alpha]_\lambda^t$——比旋光度，(°)；
　　　t——温度，℃；
　　　λ——入射光波长，nm；
　　　α——旋光度，(°)；
　　　L——溶液厚度（即旋光管长度），dm；
　　　c——溶液浓度，g/mL。

通常规定在 20℃时用钠光 D 线（波长 589.3nm）测定，此时，比旋光度用 $[\alpha]_D^{20}$ 表示，各种旋光物质的比旋光度 $[\alpha]_D^{20}$ 为一定值，其大小表示旋光物质旋光性的强弱和旋转角度的方向。主要糖类的比旋光度见表 2-3。

表 2-3　糖类的比旋光度

糖类	$[\alpha]_\lambda^t$	糖类	$[\alpha]_\lambda^t$
葡萄糖	＋52.5	乳糖	＋53.3
果糖	－92.5	麦芽糖	＋138.5
转化糖	－20.0	糊精	＋194.8
蔗糖	＋66.5	淀粉	＋196.4

3. 变旋光作用

变旋光作用是指一个吡喃糖、呋喃糖或糖苷伴随着它们的 α-和 β-异构形式的平衡而发生的比旋光度变化。这是由于还原糖存在 α 型、β 型两种异构体，它们的比旋光度不同。这两种环形结构及中间的开链结构在构成一个平衡体系过程中，即显示出变旋光作用。

蜂蜜、商品葡萄糖类产品，在通常的分析条件下，会发生变旋光作用。测定旋光度时，可将样品配成溶液后，放置过夜再测定，若需立即测定，可将中性溶液（pH 7）加热至沸后或加几滴氨水后再稀释定容，若溶液已经稀释定容，则可加入 Na_2CO_3 干粉致使石蕊试纸刚显碱性。在碱性溶液中，变旋光作用迅速，很快达到平衡。但微碱性溶液不宜放置过久，温度也不可太高，以免破坏果糖。为了解变旋光作用是否完成，可每隔 15～30min 测定一次旋光度，直至读数恒定为止。

二、旋光度测定的意义

旋光度是旋光性物质的主要物理性质。通过旋光度的测定，可以检查光学活性化合物的纯度，也可以定量分析有关化合物溶液的浓度。

三、旋光仪的使用

1. 自动旋光仪结构及原理

仪器采用 20W 钠光灯作光源，由小孔光阑和物镜组成一个简单的点光源平行光管（图 2-10），平行光经起偏镜变为平面偏振光，其振动平面为 OO [图 2-11(a)]，当偏振光经过有法拉第效应的磁旋线圈时，其振动平面产生 50Hz 的 β 角往复摆动 [图 2-11(b)]，光线经过检偏镜投射到光电倍增管上，产生交变的电讯号。

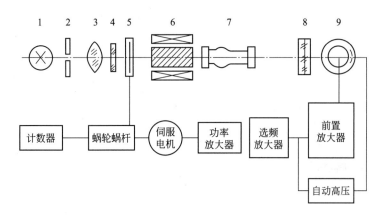

图 2-10 自动旋光仪工作原理

1—光源；2—小孔光阑；3—物镜；4—滤色片；5—起偏镜；6—磁旋线圈；
7—试样室；8—检偏镜；9—光电倍增管

仪器以两偏振镜光轴正交时（$OO \perp PP$）作为光学零点，此时，$\alpha = 0°$。偏振光的振动平面因磁旋光效应产生的 β 角摆动，经过检偏镜后，光波振幅不等于零，因而在光电倍增管上产生微弱的光电流。若将装有旋光度 α 样品的试管放入试样室中时，它能将偏振光的振动平面旋转 α，经检偏镜后的光波振幅较大，在光电倍增管上产生的光电讯号也较强 [图 2-11(c)]，光电讯号经前置选频功率放大器放大后，使工作频率为 50Hz 的马达转动，通过蜗轮蜗杆把起偏镜反向转动 α，使仪器又回到零点状态，见图 2-11(d)。起偏镜旋转的角度即为光学活性物质的旋光度，可在计数器中直接显示出来。

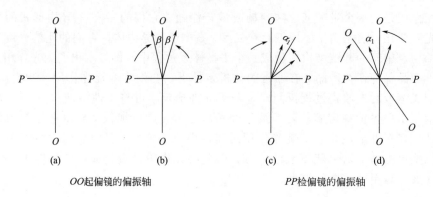

图 2-11　光电自动旋光仪中光的变化

2. 测定方法

① 接通电源后，打开电源开关，等待 10min 使钠光灯发光稳定。

② 将装有蒸馏水或其他空白溶剂的旋光管放入试样室，盖上箱盖，待示数稳定后，按"清零"按钮。

③ 取出旋光管，将待测样品倒入旋光管，按相同的位置和方向放入试样室内，盖好箱盖。仪器读数窗将显示出该样品的旋光度。

④ 逐次按下复测按钮，重复读几次数，取平均值作为样品的测定结果。

⑤ 仪器使用完毕后，应依次关闭电源开关。

任务三　味精中谷氨酸钠含量的测定

【任务描述】

味精的主要成分是谷氨酸的钠盐，能刺激味蕾、增加食品特别是肉类和蔬菜的鲜味，常添加于汤料和肉制品中。按《食品安全国家标准　味精》（GB 2720—2015）规定，味精是以碳水化合物（如淀粉、玉米、糖蜜等）为原料，经微生物（谷氨酸棒状杆菌）发酵、提取、中和、结晶、分离、干燥而制成的具有特殊鲜味的白色结晶或粉末状调味品。在谷氨酸钠中，定量加盐的为加盐味精，定量添加了核苷酸二钠［5′-鸟苷酸二钠（GMP）、5′-肌苷酸二钠（IMP）］等增味剂的混合物为增鲜味精。其中谷氨酸钠（以干基计）含量要求为：味精≥99.0%，加盐味精≥80.0%，增鲜味精≥97.0%。因此测定味精中谷氨酸钠的含量反映不同味精的纯度，对味精生产工艺及质量把控有重要意义。

校内餐厅新采购了一批味精，观察其外观与上批次有一定差别，故委托对该批次味精进行检测，请协助完成该批次味精谷氨酸钠含量的测定，并填写检验报告。

【任务准备】

1. 参考标准

《食品安全国家标准　味精中麸氨酸钠（谷氨酸钠）的测定》（GB 5009.43—2023）。

2. 仪器设备

旋光仪（精度：±0.010）：备有钠光灯（钠光谱 D 线 589.3nm）。

分析天平：感量 0.1mg。

【任务实施】

1. 试样制备

称取味精 10g（精确至 0.0001g），加少量水溶解并转移至 100mL 容量瓶中，加盐酸 20mL，混匀并冷却至 20℃，定容并摇匀。

2. 旋光仪零点校正

即吸取 20mL 浓盐酸置于 100mL 容量瓶中，用水定容至刻度，作为空白溶液，放入准备好的旋光仪中，稳定后，按"清零"按钮。

3. 测定

取少量样品溶液洗涤旋光管 3 次，然后注满旋光管，用干布拭干旋光管外壁（管内不得有气泡），置于仪器中，记录旋光度的读数，并记录样液温度。

4. 检测结果表述

谷氨酸钠在 20℃ 的比旋光度为 +25.16°，按式(2-11)校正在 t℃温度下的比旋光度。

$$[\alpha]_D^t = 25.16 + 0.047(20-t) \tag{2-11}$$

样品中谷氨酸钠的含量（g/100g）按式(2-12)、式(2-13)计算：

$$X = \frac{[\alpha]_{样品}^t}{[\alpha]_{纯}^t} \times 100 = \frac{\frac{\alpha}{Lc}}{25.16 + 0.047(20-t)} \times 100 \tag{2-12}$$

$$c = \frac{m}{V} \tag{2-13}$$

式中 α——实测试样液的旋光度，(°)；

L——旋光管的长度（液层厚度），dm；

c——谷氨酸钠浓度，即 1mL 试样液中含谷氨酸钠的质量，g/mL；

25.16——谷氨酸钠的比旋光度 $[\alpha]_D^{20}$，(°)；

0.047——谷氨酸钠比旋光度的温度校正系数；

m——样品中谷氨酸钠的质量，g；

V——样品溶液的体积，mL。

以重复性条件下获得的两次独立检测结果的算术平均值表示，结果保留 3 位有效数字。

5. 精密度

在重复性条件下获得的两次独立检测结果的绝对差值不得超过 0.5g/100g。

【结果与评价】

填写任务工单中的测定味精谷氨酸钠的含量数据记录表。按任务工单中的测定味精中谷氨酸钠含量任务完成情况总结评价表对工作任务的完成情况进行总结评价。

【注意事项】

1. 记录所用样品管的长度、测定时的温度，并注明所用校正溶剂（如用水作溶剂则可省略）。

2. 样液试管中若有气泡，应让气泡浮在凸颈处；试管通光面两端若有雾状水滴，擦干。

3. 试管螺帽不宜旋得过紧，以免产生应力，影响读数。试管安放时应注意标记的位置和方向。

4. 被测样品要尽量脱盐、除溶剂、排除具有较大旋光度杂质存在的可能；被测样品需严格称量，定量溶解，尽量获得纯的产物做对照。

5. 测量时室内温度湿度尽量保持恒定，仪器应放在干燥通风处，防止潮气侵蚀，尽可能在20℃的工作环境中使用仪器，搬动仪器应小心轻放，避免震动。

项目检测

一、基础概念

旋光度　旋光现象　变旋光作用

二、填空题

1. 物质的旋光度的大小与_____、_____、_____、_____有关。

2. 具有旋光性的物质叫作旋光性物质或光学活性物质。许多食品成分都具有光学活性，如_____、_____、_____、_____。

3. 偏振光的振动平面向右旋转（顺时针方向）的称为_____，以_____号表示；使偏振光振动平面向左旋转（逆时针方向）的称为_____，以_____号表示。

4. 列举具有变旋光作用的物质有_____、_____、_____。

5. 在谷氨酸钠中，定量添加了核苷酸二钠［5′-鸟苷酸二钠（GMP）、5′-肌苷酸二钠（IMP）］等增味剂的混合物为_____味精，其谷氨酸钠含量要求为_____。

6. 具有旋光性的物质其旋光度与其浓度呈_____。

7. 具有变旋光作用的物质，旋光度的测定应_____。

三、选择题

1. 下列物质不具有旋光性的是（　　）。

A. 葡萄糖　　　　B. 甘氨酸　　　　C. 果糖　　　　D. 谷氨酸

2. 味精中谷氨酸钠含量应（　　）。

A. ≥99.0%　　　B. ≥80.0%　　　C. ≤99.0%　　　D. ≤88.0%

3. 一定条件下，同一样液温度越高，旋光度测得值（　　）。

A. 越大　　　　B. 越小　　　　C. 不变　　　　D. 无规律变化

模块三
食品中一般成分的检测

 模块介绍

  食品中一般成分的检验主要是指常见的糖类、脂类、蛋白质、水、矿物质、维生素六大营养素的检测,该类指标一般为食品出厂检验的主要指标。食品中一般成分的分析是食品理化分析的主要内容和常规检测项目。

  本模块要求学生依据食品安全国家标准,利用现有工作条件,完成给定食品的水分含量、灰分、酸度、糖类、脂肪、蛋白质及氨基酸、维生素等成分的检测任务,并在完成各个任务的过程中,掌握食品中一般成分检验的相关知识,强化自身检测技能,提高检验岗位职业素质。

 思政小课堂

"红心鸭蛋" 事件

【事件】

  苏丹红学名苏丹,偶氮系列化工合成染色剂,主要应用于油彩、汽油等产品的染色,共分为Ⅰ、Ⅱ、Ⅲ、Ⅳ号,都是工业染料。比起苏丹红Ⅰ号,苏丹红Ⅳ号不但颜色更加红艳,毒性也更大。苏丹红Ⅰ号在1918年以前曾经被美国批准用作食品添加剂,但是随后美国取消了这个许可;国际癌症研究机构将苏丹红Ⅳ号列为三类致癌物,其初级代谢产物邻氨基偶氮甲苯和邻甲基苯胺均列为二类致癌物,食用后可能致癌。苏丹红具有致突变性和致癌性,我国禁止使用于食品。

  2006年11月12日,央视播报了北京市个别市场和经销企业售卖来自河北石家庄等地用添加苏丹红的饲料喂鸭所生产的"红心鸭蛋",并在该批鸭蛋中检测出苏丹红。15日,卫生部下发通知,要求各地紧急查处"红心鸭蛋"。北京、广州、河北等地相继停售"红心鸭蛋"。

  2006年11月14日,北京市政府食品安全办公室于当天下午公布了北京市场"红心鸭蛋"检测结果,其中6个"红心鸭蛋"样本被检出苏丹红,含量为0.041~7.18mg/kg。有关方面已对检测确认含有苏丹红的咸鸭蛋生产企业立案调查,并监督销售单位采取召回措施,对不合格产品实施销毁。北京共暂扣红心鸭蛋1158.7kg。到14日17时,河北省集中对平山、井陉两个重点养鸭县进行检查,通过逐户排查,共发现可疑鸭场7个、存栏鸭9000只,查封可疑饲料800kg、可疑鲜鸭蛋510kg、咸鸭蛋70kg。

【启示】

  1. 创新精神。苏丹红Ⅰ号在1918年以前曾经被美国批准用作食品添加剂,但是随后美国取消了这个许可。在我国,苏丹红也禁止用在食品加工中。其原因是随着对苏丹红的认识越来越深,其危害逐渐被认知。由此可见事物是不断发展变化的,随着科学技术的不断发展和人们研究的深入会有新的发现,要有不断创新的精神,勇于接受新事物、学习新技术、研究新方法,用发展的眼光看问题。

  2. 守法诚信。"红心鸭蛋"事件的起因是养鸭场违法将苏丹红Ⅰ号加到鸭饲料中喂食,从而使鸭蛋心染色。究其原因是鸭场主法律意识薄弱,对各类添加剂认识不足,盲目听从其他人员"指导"将工业染料苏丹红用于蛋鸭养殖,酿成严重食品安全事件。在食品生产加工时,要树立学法懂法的意识,遵守食品安全法规定的食品生产经营者主体责任;明确主体责任的意义,守法经营、诚信自律。只有守法诚信,才能生产出安全的食品,保障广大消费者的基本利益。

项目一 食品中水分含量的测定

知识目标

1. 了解食品中水分含量测定的意义。
2. 理解食品中水分的存在形式。
3. 掌握常见的水分含量测定方法的基本原理和操作方法。

技能目标

1. 会解读食品中水分含量测定的国家标准。
2. 会使用和维护干燥恒重操作的装置。
3. 能用直接干燥法测定食品中水分含量。

基本知识

一、食品中水分存在的形式

食品中的水分主要以自由水和结合水两种形式存在。

自由水又称游离水、非结合水，是指组织、细胞中容易结冰，也能溶解溶质的这一部分水。如润湿水分、渗透水分、毛细管水分等。此类水分和组织结合松散，用干燥法相对容易从食品中分离出去，通常在食品检测中所说的水分含量主要指自由水的含量。

结合水又称束缚水、吸附水、结晶水，大部分的结合水以氢键的形式与蛋白质、碳水化合物等有机物的活性基团（—OH、=NH、—NH_2、—COOH、—$CONH_2$）相结合。此类水分不易结冰（冰点为 $-40℃$），不能作为溶质的溶剂，较难从食品中分离出去，如果将其强行除去，则会使食品质量发生变化，影响分析结果。假如在水分含量检测中不加限制地延长加热干燥时间，样品分子间的氢键会发生一定的化学变化，释放结合水，从而影响测定结果。因此在国家标准中测定水分含量时，规定必须在一定的温度、时间和操作条件下。国家标准（GB 5009.3—2016）中测定食品中水分含量的方法有直接干燥法、减压干燥法、蒸馏法、卡尔·费休法，除此之外还有红外线干燥法、化学干燥法和微波干燥法等。

二、食品中水分含量测定的意义

水是生命活动不可缺少的物质之一，也是食品中的重要组成成分之一。食品中水的含量、分布和存在状态与食品的质地、外观、风味、结构、新鲜程度及商品价值等许多方面都有着极为重要的关系。将水分含量作为食品分析中的重要指标，才能控制食品中的水分含量，保持食品良好的感官性质，维持食品中各个组分的平衡关系，保证食品质量的稳定性。

测定食品中的水分含量是食品分析的重要项目，因为食品中的水分是引起食品化学性及生物性变质的重要原因之一，直接关系到食品的储藏特性。水还是食品生产中的重要原料之一，食品加工用水的品质直接影响到食品品质和加工工艺。此外，测定生产原料中的水分含量，对于加工原料的品质和保存、生产成本的核算、质量监督管理、提高经济效益等均有重大意义。例如，水果硬糖为了避免出现返砂和返潮现象，其水分含量应控制在3.0%；新鲜面包为了避免出现外观形态干瘪无光泽，其水分含量应控制在不低于28%；面粉水分含量控制在12%～14%，乳粉水分含量应控制在2.5%～3.0%，可抑制微生物的生长繁殖，延长保存期。

不同种类的食品，含水量有较大的差别，如新鲜水果蔬菜为80%～97%、乳类为87%～89%、鱼类为67%～81%、蛋类为73%～75%、猪肉为43%～59%。即使是干态食品，也含有少量水分，如面粉为12%～14%、饼干为3%～8%。很多食品的国家标准中都有对水分含量的规定指标。如乳粉的水分含量≤0.5%（GB 19644—2010）；方便面（油炸面饼）水分含量≤10%（GB 17400—2015）；普通火腿肠（普通级）水分含量≤64%（GB/T 20712—2006）。

三、食品中水分测定的依据及方法

食品中水分含量的测定方法有很多，通常可以分为两大类：直接法和间接法。

直接法是利用水分本身的物理化学性质来测定水分含量的方法，如干燥法、蒸馏法和卡尔·费休法；间接法是利用食品的某些物理性质，如相对密度、折射率、电导率、介电常数等，与水分含量之间存在的简单函数关系来确定水分含量，一般不从试样中除去水分。直接法的准确度高于间接法。

目前，参照《食品安全国家标准 食品中水分的测定》（GB 5009.3—2016），食品中水分的测定方法有直接干燥法、减压干燥法、蒸馏法、卡尔·费休法。

直接干燥法，适用于在101～105℃下，蔬菜、谷物及其制品、水产品、豆制品、乳制品、肉制品、卤菜制品、粮食（水分含量<18%）、油料（水分含量<13%）、淀粉及茶叶类等食品中水分的测定；不适用于水分含量小于0.5g/100g的样品。

减压干燥法，适用于高温易分解的样品及水分较多的样品（如糖、味精等食品）中水分的测定；不适用于添加了其他原料的糖果（如奶糖、软糖等食品）中水分的测定，不适用于水分含量小于0.5g/100g的样品（糖和味精除外）。

蒸馏法，适用于含水较多又有较多挥发性成分的水果、香辛料及调味品、肉、肉制品等食品中水分的测定；不适用于水分含量小于1g/100g的样品。

卡尔·费休法，适用于食品中含微量水分的测定；不适用于含有氧化剂、还原剂、碱性氧化剂、氢氧化物、碳酸盐、硼酸等的食品中水分的测定。卡尔·费休容量法适用于水分含

量大于 1.0×10^{-3} g/100g 的样品；卡尔·费休库伦法适用于水分含量大于 1.0×10^{-5} g/100g 的样品。

1. 直接干燥法

利用食品中水分的物理性质，在 101.3kPa（一个大气压）、温度 101～105℃下，采用挥发方法测定样品中干燥减失的重量，包括吸湿水、部分结晶水和该条件下能挥发的物质，再通过干燥前后的称量数值计算出水分的含量。

(1) 操作要点

① 固体试样 取洁净铝制或玻璃制的扁形称量瓶，置于 101～105℃干燥箱中，瓶盖斜支于瓶边，加热 1.0h，取出盖好，置于干燥器内冷却 0.5h 后称量，并重复干燥至前后两次质量差不超过 2mg，即为恒重。将混合均匀的试样迅速磨细至颗粒小于 2mm，不易研磨的样品应尽可能切碎，称取 2～10g 试样（精确至 0.0001g），放入此称量瓶中，试样厚度不超过 5mm，如为疏松试样，厚度不超过 10mm，加盖，精密称量后，置于 101～105℃干燥箱中，瓶盖斜支于瓶边，干燥 2～4h 后，盖好取出，放入干燥器内冷却 0.5h 后称量。然后放入 101～105℃干燥箱中干燥 1h 左右后取出，放入干燥器内冷却 0.5h 后再称量。重复以上操作至前后两次质量差不超过 2mg，即为恒重。两次恒重值在最后计算中，取质量较小的一次称量值。

② 半固体或液体试样 取洁净的称量瓶，内加 10g 海砂（实验过程中可根据需要适当增加海砂的质量）及一根小玻璃棒，置于 101～105℃干燥箱中，干燥 1.0h 后取出，放入干燥器内冷却 0.5h 后称量，并重复干燥至恒重。然后称取 5～10g 试样（精确至 0.0001g），置于称量瓶中，用小玻璃棒搅匀放在沸水浴上蒸干，并随时搅拌，蒸干后擦去瓶底的水滴，置于 101～105℃干燥箱中干燥 4h 后盖好取出，放入干燥器内冷却 0.5h 后称量。然后放入 101～105℃干燥箱中干燥 1h 左右，取出，放入干燥器内冷却 0.5h 后再称量。重复以上操作至前后两次质量差不超过 2mg，即为恒重。

海砂的作用是增大试样受热和蒸发面积，防止试样结块，加速水分蒸发，缩短分析时间；小玻璃棒的作用是搅拌，使试样与海砂充分混合。

海砂的制备：取用水洗去泥土的海砂或河砂，先用盐酸（6mol/L）煮沸 0.5h，用水洗至中性，再用氢氧化钠（6mol/L）煮沸 0.5h，用水洗至中性，经 105℃干燥备用。

(2) 注意事项

① 直接干燥法适用于在 101～105℃下，不含或含其他挥发性物质甚微的谷物及其制品、水产品、豆制品、乳制品、肉制品及卤菜制品等食品中水分的测定，不适用于水分含量小于 0.5g/100g 的样品。

② 蔬菜水果中常含有较多杂质，用清水洗去泥沙，再用蒸馏水冲洗干净，最后用吸水纸吸干表面水分再进行研磨制样。

③ 在检测过程中，称量瓶从烘箱中取出后，应迅速放入干燥器中进行冷却，否则，不易达到恒重。

④ 检测时称样量一般控制在其干燥后的残留物质量以 1.5～3g 为宜。当样品为水分含量较低的固态、浓稠态食品时，称样量控制在 3～5g，而对于水分含量较高的果汁、牛乳等液态食品，通常每份称样量控制在 15～20g 为宜。

⑤ 称量瓶一般分为玻璃称量瓶和铝质称量瓶两种。玻璃称量瓶能耐酸碱，不受样品性质的限制，故常用于直接干燥法。铝质称量瓶质量轻，导热性强，但对酸性食品不适宜，常用于减压干燥法或原粮水分含量的测定。称量瓶规格的选择，以样品置于其中平铺后厚度不

超过瓶高的 1/3 为宜。

⑥ 干燥温度一般控制在 101～105℃之间，对热稳定的谷物等，可提高到 120～130℃范围内进行干燥；对含还原糖较多的食品应先用低温（50～60℃）干燥 0.5h，然后用 101～105℃干燥。干燥时间的确定一般有干燥至恒重和规定一定的干燥时间两种方法。干燥至恒重基本能保证水分蒸发完全；规定一定的干燥时间适用于准确度要求不高的样品，如各种饲料中水分含量的测定。

⑦ 对于各种形式的电热烘箱，一般使用强力循环通风式，其优点为风量较大，烘干大量试样时效率高，缺点为质量较轻的试样有时会被循环风吹散，若仅作测定水分含量用，最好采用风量可调节的烘箱。

⑧ 浓稠态样品直接加热干燥，其表面容易结硬壳、焦化，内部水分蒸发受阻，故在干燥前加入精制海砂搅拌均匀，可以防止食品结块，同时增大试样受热和蒸发面积，加速水分蒸发，缩短分析时间。

⑨ 在称量过程中，干燥前、干燥后应使用同一台天平称量。

2．减压干燥法

减压干燥法测定水分是利用低压下水的沸点降低的原理，在较低温度、减压下进行干燥处理以排出水分。按 GB 5009.3—2016，一般在达到 40～53kPa 压力后加热至 60℃±5℃，采用减压烘干方法去除试样中的水分，再通过烘干前后的称量数值计算出水分的含量。减压干燥法用的主要仪器设备为称量瓶、真空干燥箱、干燥器、分析天平等。常用于糖果、味精等高温易分解食品中水分含量的测定。

此方法的优点是温度较低，减少了高温和空气对产品的不良影响，对保证产品质量有一定意义。特别适合于含热敏感成分的物料。干燥效果取决于真空度的高低与被干燥物堆积的厚度。其特点为：干燥的温度低，速度快；减少了物料与空气的接触机会，可减少药物污染或氧化变质；产品呈松脆的海绵状，易粉碎。该方法适用于稠浸膏及热敏性或高温下易氧化物料的干燥。稠浸膏减压干燥时应控制好装盘量、真空度与加热蒸汽压力，以免物料起泡溢盘，造成浪费与污染，干燥设备为真空干燥箱。

湿物料进行干燥时，同时进行着两个过程：①热量由热空气传递给湿物料，使物料表面上的水分立即汽化，并通过物料表面处的气膜，向气流主体中扩散；②由于湿物料表面处水分汽化的结果，使物料内部与表面之间产生水分浓度差，于是水分即由内部向表面扩散。因此，在干燥过程中同时进行着传热和传质两个相反的过程。干燥过程的重要条件是必须具有传热和传质的推动力。物料表面蒸汽压一定要大于干燥介质（空气）中的蒸汽分压，压差越大，干燥过程进行得越快。

3．蒸馏法

蒸馏法采用专门的水分测定器（图 3-1），将食品中的水分与比水轻同水互不相溶的溶剂如甲苯、无水汽油等有机溶剂共同蒸出，冷凝并收集馏出液，由于密度不同，馏出液在接收管中分层，根据馏出液中水的体积，计算样品中水分含量。

基于两种互不相溶液体的二元体系的沸点低于各组分的沸点这一基本原理，在试样中加入与水互不相溶的有机溶剂——甲苯或二甲苯，使用水分测定器将食品中的水分与甲苯或二甲苯共同蒸出，根据接收水的体积计算出试样中水分的含量。常用于含易氧化、易分解、

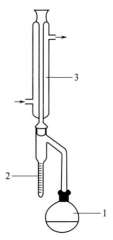

图 3-1　水分测定器
1—250mL 蒸馏瓶；
2—水分接收管（有刻度）；3—冷凝管

热敏性及挥发性组分的样品，如蔬菜、油脂、香辛料等，也是香料测定中唯一公认的水分含量的标准分析方法。主要仪器设备有分析天平、可调电热套、水分测定器（一般容量5mL，最小刻度值0.1mL，容量误差小于0.1mL）。

注意事项：

① 蒸馏法适用于含水量较大又有较多挥发性成分的水果、香辛料及调味品、肉、肉制品等食品中水分含量的测定；不适用于水分含量小于1g/100g的样品。

② 所用甲苯或二甲苯必须无水。可将甲苯或二甲苯经过氯化钙或无水硫酸钠浸泡除水后，过滤蒸馏，弃去最初馏出液，收集的澄清透明溶液即为无水甲苯或二甲苯。

③ 为避免接收器和冷凝管内壁附着水珠，仪器必须洗涤干净，使用前烘干。

④ 加热前应放入沸石；加热前期应缓慢升温，正确使用冷凝管；加热过程中温度不宜太高，温度太高时冷凝管上端有蒸汽冒出，蒸汽难以全部回收。加热过程中要严防有机溶剂泄漏，否则遇到明火有燃烧或爆炸的危险。

⑤ 蒸馏法与干燥法差别较大：干燥法是以经烘烤干燥后减失的质量为依据的；而蒸馏法以蒸馏收集到的水量为准，避免了因挥发性物质减失的质量及脂肪氧化对水分测定的误差。

⑥ 不同类型的食品应选用不同的有机溶剂进行蒸馏。一般来说香辛料用甲苯作蒸馏剂来测定，辣椒类、葱类、大蒜和其他含大量糖的香辛料可用己烷作蒸馏剂来测定水分含量，奶酪的含水量用正戊醇-二甲苯（1+1）混合溶剂（129～134℃）来测定。

⑦ 样品为粉状或半流体时，先将瓶底铺满干燥洁净的海砂，再加入样品及甲苯或二甲苯，加速蒸馏。

⑧ 由于水的密度相对甲苯较大，水分在水分接收管中处于下层。

4．卡尔·费休法

卡尔·费休（Karl Fischer）法，又称为费休法或K-F法，属于碘量法，是测定水分含量最为专一、最为准确的化学方法之一。1935年由卡尔·费休提出。

（1）测定原理 根据碘能与水和二氧化硫发生化学反应，在有吡啶和甲醇共存时，1mol碘只与1mol水作用，反应式为

$$C_5H_5N \cdot I_2 + C_5H_5N \cdot SO_2 + H_2O + C_5H_5N + CH_3OH \longrightarrow 2C_5H_5N \cdot HI + C_5H_6N(SO_4CH_3)$$

卡尔·费休水分测定法又分为库仑法和容量法。其中容量法测定的碘是作为滴定剂加入的，滴定剂中碘的浓度是已知的，根据消耗滴定剂的体积，计算消耗碘的量，从而计量出被测物质水的含量。

首先发生氧化还原反应，利用I_2氧化SO_2时需要有水参与反应：

$$I_2 + SO_2 + 2H_2O \Longleftrightarrow H_2SO_4 + 2HI$$

在此反应中，当生成物H_2SO_4浓度＞0.05%时，即发生可逆反应。经实验证明，为了保证反应顺利向右进行，在体系中应加入适量的碱性物质吡啶，以中和生成的酸。

$$I_2 + SO_2 + H_2O + 3C_5H_5N \longrightarrow 2C_5H_5NHI + C_5H_5NSO_3$$

硫酸酐吡啶很不稳定，与水发生副反应，形成干扰。若有甲醇存在，则可生成稳定的化合物甲基硫酸氢吡啶。这就可以使测定水的反应能够定量完成。由此可见，滴定操作所用的标准溶液是含有I_2、SO_2、C_5H_5N及CH_3OH的混合溶液，此溶液称为费休试剂。

滴定操作中可用库仑法和容量法两种方法确定终点。库仑法是利用试剂本身所含的碘作为指示剂，用费休试剂滴定样品达到化学计量点时，再加过量1滴费休试剂中的游离碘会使体系呈现浅黄甚至浅棕黄色，此时为滴定终点，适用于含有1%以上含水量的样品。容量法也称为双指示电极安培滴定法，也叫永停滴定法。容量法是将两枚相似的微铂电极插在被滴

样品溶液中，给两电极间施加 10～25mV 电压，从开始滴定直至化学计量点前，因体系中只存留碘化物而无游离碘，电极间的极化作用使外电路中无电流通过（即微安表指针始终不动）；而过量的 1 滴费休试剂滴入样品体系后，出现游离碘，使体系变为去极化，溶液开始导电，外电路有电流通过，微安表指针偏转至一定刻度并稳定不变，可视为滴定终点，此方法适用于测定深色样品及微量、痕量水分含量。

(2) 注意事项

① 卡尔·费休法，适用于食品中含微量水分的测定；不适用于含有氧化剂、还原剂、碱性氧化剂、氢氧化物、碳酸盐、硼酸等食品中水分含量的测定。卡尔·费休容量法适用于含水量大于 $1.0×10^{-3}g/100g$ 的样品。

② 样品粒度以能通过 40～50 目筛为好。样品处理过程中为防止水分损失，最好用破碎机代替研磨机。

③ 卡尔·费休法可以测定样品中的自由水和结合水，所以此方法所测结果能较客观地反映样品中总含水量。

④ 购买的或配制好的卡尔·费休试剂应避光、密封，置于阴凉干燥处保存。

⑤ 滴定操作过程中，加试剂的间隔时间应尽可能短。滴定时间较长的试样，需要扣除其漂移量。

⑥ 在食品分析中，凡是用常压干燥法易得到异常结果的样品或是以减压干燥法测定的样品，都可以用卡尔·费休法测定。此方法也被作为含水量特别是痕量含水量的标准分析方法，用来校正其他测定方法。

任务四　火腿肠中水分含量的测定

【任务描述】

火腿肠是深受人们欢迎的一种食品，其特点是肉质细腻、鲜嫩爽口、携带方便、食用简单，还具有适口性好、饱腹性强等优点，非常适合加工成多种佳肴。水分的存在与原料保水性密切相关，可以起到改善产品品质、提高火腿肠质构的作用，并延长火腿肠的货架期，有利于加工过程中调味料和香辛料的渗透，使火腿肠的外观和光泽变好，肉质柔嫩；此外，火腿肠中含水量与微生物生长发育也有密切关系，是影响火腿肠储存性的重要因素之一。因此，含水量也是食品安全监管部门经常抽检的项目，是评价火腿肠质量的一项重要指标。按 GB/T 20712—2006《火腿肠》规定，火腿肠的水分含量：特级≤70%，优级≤67%，普通级≤64%，无淀粉产品≤70%。

某火腿肠生产企业因配方调整，生产一批样品，需进行感官评价和指标检测，现故需对该批火腿肠样品中的水分含量进行检测，请协助该公司完成火腿肠样品中水分含量的检测工作，并填写检验报告。

【任务准备】

1. 参考标准

《食品安全国家标准　食品中水分的测定》（GB 5009.3—2016）。

2. 仪器设备

称量瓶。

电热恒温干燥箱。

干燥器：内附有效干燥剂。

天平：感量为 0.1mg。

【任务实施】

戴称量手套或用纸带从干燥器中取出烘干至恒重并冷却的称量瓶，记下瓶盖与瓶子的编号，实验过程中瓶盖与瓶身要一一对应，不能弄混。用同一台天平称取空称量瓶的质量 m_0。直接在称量瓶中准确称取样品约 2～10g（精确至 0.0001g），样品应尽可能切碎，颗粒直径小于 2mm 为宜。切记，要小心、缓慢、少量称取，使样品均匀平摊在称量瓶底部，记录干燥前总质量 m_1。然后将装有样品的称量瓶置于 101～105℃ 干燥箱中，瓶盖打开斜支于瓶体，烘干 2～4h 后，盖好称量瓶的盖子，用纸带取出称量瓶，置于干燥器中冷却 0.5h 至室温。称量，记录干燥后总重量。再放入 101～105℃ 烘箱中干燥 1h 左右，取出，放入干燥器中冷却 0.5h 后再称量。如此重复，至前后两次质量差不超过 2mg 为恒重。两次恒重值在最后计算中，取质量较小的一次称量值。

火腿肠中水分含量的计算，按照下式（3-1）进行：

$$X = \frac{m_1 - m_2}{m_1 - m_0} \times 100 \tag{3-1}$$

式中　X——火腿肠中水分含量，g/100g；

m_1——干燥前称量瓶和火腿肠质量，g；

m_2——干燥后称量瓶与火腿肠质量，g；

m_0——称量瓶的质量，g；

100——单位换算系数。

水分含量≥1g/100g 时，计算结果保留三位有效数字；水分含量＜1g/100g 时，计算结果保留两位有效数字。

在重复条件下获得的两次独立测定结果的绝对差值不得超过算术平均值的 10%。

【结果与评价】

填写任务工单中的测定火腿肠中的水分含量数据记录表。按任务工单中的测定火腿肠中的水分含量任务完成情况总结评价表对工作任务的完成情况进行总结评价。

【注意事项】

1. 干燥恒重的称量瓶要戴隔热称量手套或用纸带拿取。

2. 在测定过程中，称量瓶从烘箱中取出后，应迅速放入干燥器中进行冷却，否则，不易达到恒重。

3. 样品在称量瓶中厚度不能超过称量瓶的 1/3，以不超过 5mm 为宜。

4. 在称量过程中，干燥前、干燥后应使用同一台天平称量。

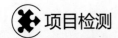 项目检测

一、基础概念

蒸馏法　减压干燥法　卡尔·费休法

二、填空题

1. 水分含量的检测方法有_____、_____、_____、_____。
2. 直接干燥法，不适用于水分含量小于_____的样品。
3. 卡尔·费休法适用于水分含量_____（大于或小于）1.0×10^{-5}%的样品。
4. 对于半固体或液体样品使用海砂的目的是_____。
5. 蒸馏法检测水分含量时，水分接收管下层的为_____。
6. 蒸馏法适用的样品是_____。

三、选择题

1. 哪类样品在干燥之前，应加入精制海砂？（　　）
   A. 固体样品　　　B. 液体样品　　　C. 浓稠态样品　　　D. 气态样品
2. 减压干燥装置中，真空泵和真空烘箱之间连接装有硅胶、苛性钠干燥器的目的是（　　）。
   A. 用苛性钠吸收酸性气体，用硅胶吸收水分
   B. 用硅胶吸收酸性气体，苛性钠吸收水分
   C. 可确定干燥情况
   D. 可使干燥箱快速冷却
3. 可直接将样品放入烘箱中进行常压干燥的样品是（　　）。
   A. 乳粉　　　B. 冰糖雪梨饮料　　　C. 糖浆　　　D. 酱油
4. 蒸馏法测定水分含量的实验中，常用的有机溶剂为（　　）。
   A. 甲苯、二甲苯　　　B. 四氯化碳、乙醚　　　C. 氯仿、乙醇　　　D. 乙醚、石油醚
5. 卡尔·费休法测定食品中水分含量时，下列哪些干扰测定？（　　）
   A. 还原剂　　　B. 氢氧化物　　　C. 碳酸盐　　　D. 以上都是
6. 干燥器中的硅胶颜色应为（　　）。
   A. 蓝色　　　B. 绿色　　　C. 红色　　　D. 无色

项目二　食品中灰分的测定

知识目标

1. 了解食品中灰分的测定意义。
2. 理解食品中灰分的种类及测定原理。
3. 掌握测定食品中总灰分、水溶性灰分、水不溶性灰分、酸不溶性灰分的方法。

技能目标

1. 会解读食品中灰分测定的国家标准。
2. 会熟练正确使用高温炉、分析天平和坩埚。
3. 能准确测定食品中的总灰分、水溶性灰分、水不溶性灰分、酸不溶性灰分的含量。

基本知识

一、食品中的灰分

灰分是指食品经灼烧后所残留的无机物质，是食品中无机成分总量的重要标志。食品组分不同，要求灼烧的条件也不同，残留物亦不同。灰分中的无机成分与食品中原有的无机成分并不完全相同，因为食品在灼烧时，一些易挥发的元素，如氯、碘、铅等会挥发散失，磷、硫则以含氧酸的形式挥发散失，使部分无机成分减少；而食品中的有机成分，如碳，则可能变成碳酸盐而增加了无机成分。严格说来，应该把灼烧后的残留物叫作粗灰分。目前主要有三种有效的灰化方法：用于测定大量样品的干法灰化；用于高脂样品（如肉类和肉类制品）中元素含量分析的湿法灰化；进行挥发性元素分析时用的低温等离子干法灰化（也称简单等离子体灰化或低温灰化）。现在已有了可用于干法或湿法灰化的微波系统。在灰化之前，大多数的干样品不需制备（如完整的谷粒、谷类食品、干燥蔬菜），而新鲜蔬菜必须干燥；高脂样品（如肉类）必须先干燥、脱脂。水果和蔬菜必须考虑水溶性灰分和灰分的碱度，并按湿基或干基计算食品的灰分含量；测定灰分的碱度可有效地测定食品的酸碱平衡和矿物质含量，以检验食品中掺杂的情况。

1. 干法灰化

干法灰化是指样品在500～600℃的马弗炉中，水分和挥发成分蒸发，在有氧条件下，有机物被灼烧成二氧化碳和氮的氧化物，大部分矿物质转化成氧化物、硫酸盐、磷酸盐、氯化物和硅酸盐。在这种灰化方法中，一些元素如铁、硒、铅和汞可被部分挥发，因此，如样品灰化后要用于特殊元素分析时，必须选择其他方法。

2. 湿法灰化

湿法灰化是一种使用酸、氧化剂或两者的混合物氧化有机物的方法。灰化过程中，矿物质在没有挥发的情况下被溶解，因此可作为一种适合于特殊元素分析的样品预处理方法。湿法灰化通常比干法灰化更广泛地用于特殊元素的分析，此方法往往使用硝酸和高氯酸，因此必须使用特制的高氯酸通风橱，样品中脂肪含量高时应更加小心。

3. 低温等离子干法灰化

低温等离子干法灰化是一种特殊的干法灰化方法，它利用电磁场产生的初生态氮，在低真空的条件下氧化食品。在一个比马弗炉温度低得多的条件下灰化样品，以防止元素挥发，灰分物质的晶体结构保持良好。

食品中的灰分测定的内容包括：总灰分、水溶性灰分、水不溶性灰分、酸不溶性灰分。

① 总灰分。食品经高温灼烧时，有机成分挥发散失，绝大多数无机成分（主要为无机盐和氧化物形式）残留下来，这些残留物称为总灰分（粗灰分）。

② 水溶性灰分，反映的是可溶性的钾、钠、钙、镁等的氧化物和盐类的含量。

③ 水不溶性灰分，反映的是污染的泥沙和铁、铝等氧化物及碱土金属的碱式磷酸盐的含量。

④ 酸不溶性灰分，反映的是污染的泥沙和食品中原来存在的微量氧化硅的含量。

二、食品中灰分测定的意义

灰分是某些食品的重要控制指标，是食品常规检验项目之一。不同的食品其灰分含量不同，同一类食品因原料、加工方法不同以及测定灰分的条件不同，其灰分含量也不同；但当食品种类、原料、加工方法以及测定条件确定后，这种食品中的灰分含量常在一定范围内，若超过正常范围，则说明食品生产中使用了不符合食品安全标准要求的原料或食品添加剂，或在食品的加工、贮运过程中受到了污染。

灰分含量的测定十分重要，是营养评估分析的一部分，也是标示食品中无机成分总量的一项指标，是干制品粮食类的质量分级指标。国家标准对一些典型产品的灰分含量做了专门的规定，见表3-1。通常认为动物制品的灰分是一个恒定含量，但植物资源的情况却是多种多样的。大部分新鲜食品的灰分含量不高于5%，纯净的油类和脂的灰分一般很少或不含灰分，而烟熏腊肉制品可含有6%的灰分，干牛肉含有高于11.6%（按湿基计算）的灰分。

表3-1 常见食品中的灰分含量

项目	玉米	小麦	大豆	牛乳	鲜肉
灰分/(g/100g)	1.3～1.5	1.5～2.2	4.6～4.7	0.6～0.7	0.5～1.2

检测食品灰分的作用如下。

(1) 评判食品品质 灰分的主要成分是无机盐，是人类生命活动不可缺少的物质，要正确评价某食品的营养价值，其无机盐含量是一个评价指标，如黄豆富含蛋白质，灰分含量高达 5.0g/100g。生产果胶、明胶之类的胶制品时，灰分是这些制品胶冻性能的标志，水溶性灰分可以反映果酱、果冻等制品中的果汁含量。

(2) 评判食品加工精度 在面粉加工中，常以总灰分含量评定面粉等级，富强粉为 0.3%～0.5%，标准粉为 0.6%～0.9%，全麦粉为 1.2%～2.0%。加工精度越细，总灰分含量越小，其原因为小麦麸皮中灰分的含量比胚乳的高 20 倍左右。

(3) 判断食品受污染的程度 某种食品的灰分通常在一定范围内，如果灰分含量超过了正常范围，说明食品生产中使用了不合乎食品安全标准要求的原料或食品添加剂，或食品在加工、贮运过程中受到了污染。因此，测定灰分可以判断食品受污染的程度。

三、食品中灰分的测定依据及方法

《食品安全国家标准 食品中灰分的测定》(GB 5009.4—2016)，规定了食品中总灰分、水溶性灰分和水不溶性灰分、酸不溶性灰分的测定方法。该测定中用到的主要仪器设备包括高温炉、分析天平、石英坩埚、干燥器等。

1．食品中总灰分的测定

(1) 食品中总灰分测定原理 食品经灼烧后所残留的无机物质称为灰分。将食品炭化后置于 550℃±25℃ 高温炉内灼烧，食品中的水分及挥发物质以气态放出，有机物中的碳、氢、氮被氧化分解，以二氧化碳、氮的氧化物及水等形式逸出，无机物质以硫酸盐、磷酸盐、碳酸盐、氯化物等无机盐和金属氧化物的形式残留下来，称量灼烧后的残留物质量即可计算出样品中灰分的含量。

(2) 灰化条件的选择

① 灰化容器，通常以坩埚为灰化容器。坩埚的种类主要有素瓷坩埚、铂坩埚、石英坩埚等多种，其中最常用的是素瓷坩埚。

素瓷坩埚具有耐高温 (1200℃)、耐酸、价格低廉等优点，但耐碱性差。当灰化碱性食品（如水果、蔬菜、豆类）时，瓷坩埚内壁的釉层会部分溶解，反复多次使用后，往往难以保持恒重。另外当温度骤变时，易发生破裂，因此使用时应注意安全操作。

铂坩埚具有耐高温 (1773℃)、导热性能好、吸湿性小等优点，能抗碱金属碳酸盐及氟化氢的腐蚀，但价格昂贵，故使用时应特别注意其性能和使用规则。另外，使用不当时会腐蚀和发脆。

灰化容器的大小要根据试样性状来选用，需预处理的液态样品，加热膨胀的样品及灰分含量低、取样量大的样品，需选容积较大的坩埚。

② 取样量，根据试样的种类和性状来决定。灰分大于 10g/100g 的试样称取 2～3g（精确至 0.0001g）；灰分小于 10g/100g 的试样称取 3～10g（精确至 0.0001g）。具体参考表 3-2。

表 3-2 AOAC 公定法规定不同食品灰分测定温度与取样量

食品名称	测定温度	取样量
谷物及其制品	550℃或700℃	3～5g
通心粉、鸡蛋面条及制品	550℃	3～5g
淀粉制品、淀粉、甜食粉	525℃	5～10g
大豆粉	600℃	2g

续表

食品名称	测定温度	取样量
肉及其制品	525℃	3～5g
乳及其制品	≤550℃	3～5g
鱼类及海产品	≤525℃	2g
水果及其制品	≤525℃	25g
蔬菜及其制品	525℃	5～10g
砂糖及其制品	525℃	3～5g
糖蜜	525℃	5g
醋	525℃	25mL
啤酒	525℃	50mL
蒸馏酒	525℃	25～100mL
茶叶	525℃	5～10g

注：AOAC公定法是分析化学家协会的官方分析方法。

③ 灰化温度，一般为550℃±25℃。根据食品中无机成分的组成、性质及含量决定灰化温度，其中只有黄油规定在500℃以下，谷物饲料可达600℃，700℃仅适合于添加醋酸镁的快速法。具体见表3-2。灰化温度选定在此范围，是因为灰化温度过高，易引起钾、钠、氯等元素的挥发损失，而且磷酸盐、硅酸盐类也会熔融，将炭粒包藏起来，使炭粒无法氧化；灰化温度过低，则灰化速度慢，时间长，不易灰化完全，也不利于除去过剩的碱（碱性食品）吸收的二氧化碳。此外，加热速度也不可太快，以防急剧加热时灼热物的局部产生大量气体而使微粒飞失。

④ 灰化时间，一般需2～5h。一般以灼烧至灰分呈白色或浅灰色，无炭粒存在并达到恒重为止。对有些样品，即使灰化完全，残灰也不一定呈白色或浅灰色。例如，铁含量高的食品，残灰呈褐色；锰、铜含量高的食品，残灰呈蓝绿色。有时即使灰分表面呈白色，内部仍会残留有炭块，所以应根据样品的组成、性状注意观察残灰分的颜色，正确判断灰化的程度。

(3) 高温炉的使用 高温炉（图3-2）操作步骤如下：

① 用毛刷仔细清扫炉膛内的灰尘和机械性杂质，放入炭化完全的盛有样品的坩埚，关闭炉门。

② 开启电源，指示灯亮，将高温计的黑色指针拨至需要的灼烧温度。

③ 随着炉膛温度上升，高温计上指示温度的红针向黑针方向移动，当红针与黑针重合时，控温系统自动断电；当炉膛温度降低，红针偏离与黑针重合的位置时，电路自动导通，如此自动恒温。

④ 达到需要的灼烧时间后，切断电源。待炉

图3-2 高温炉

膛温度降低至200℃左右，开启炉门，用长柄坩埚钳取出灼烧物品，在炉门口放置片刻，进一步冷却后置于干燥器中保存备用。

⑤ 关闭炉门，做好整理工作。

（4）加速灰化的方法

① 加水溶解。样品经初步灼烧后，取出冷却，从灰化容器边缘慢慢加入（不可直接洒在残灰上，以防残灰飞扬）少量去离子水，使水溶性盐类溶解，被包住的炭粒暴露出来，在水浴上蒸发至干涸，置于120～130℃烘箱中充分干燥，再灼烧到恒重。

② 添加硝酸、双氧水等氧化剂。这些物质经灼烧后完全消失不至于增加残余灰分的重量。样品经初步灼烧后，加入物质如硝酸（1∶1）或双氧水，蒸干后再灼烧到恒重，利用它们的氧化作用来加速炭粒灰化。

③ 添加碳酸铵等疏松剂。加入10%碳酸铵等疏松剂，在灼烧时分解为气体逸出，使灰分呈现松散状态，促进未灰化的炭粒灰化。

④ 加入醋酸镁、硝酸镁等助灰化剂。谷物及其制品中，磷酸一般过剩于阳离子，随着灰化进行，磷酸将以磷酸二氢钾的形式存在，容易在比较低的温度下形成熔融的无机物质，因而包住未灰化的炭造成供氧不足，难以完全灰化。因此采用添加助灰化剂，如醋酸镁或硝酸镁等，使灰化容易进行。这些镁盐随着灰化进行而分解，与过剩的磷酸结合，使残灰不熔融，呈白色松散状态，避免炭粒被包裹，可大大缩短灰化时间。此方法应做空白试验，以校正加入的镁盐灼烧后分解产生MgO的量。

2. 食品中水溶性灰分和水不溶性灰分的测定

在测定总灰分所得的残留物中，加水25mL，盖上表面皿，加热至近沸，以无灰滤纸过滤，以25mL热的去离子水分次洗涤坩埚，将滤纸和残渣移入坩埚中，再进行干燥、炭化、灼烧、冷却、称量直至恒重，残灰即为水不溶性灰分。

水溶性灰分含量(%)＝总灰分含量(%)－水不溶性灰分含量(%)

3. 食品中酸不溶性灰分的测定

取水不溶性灰分，或测定总灰分所得的残留物，加入25mL 0.1mol/L HCl，放在小火上轻微煮沸5min，用无灰滤纸过滤后，将滤纸和残渣移入坩埚中，再进行干燥、炭化、灼烧、冷却、称量直至恒重，残灰即为酸不溶性灰分。

任务五　小麦粉中总灰分含量的测定

【任务描述】

灰分是小麦及其制品燃烧后剩下的无机物质，是小麦籽粒（粉）中的矿物质组分。灰分在小麦籽粒中的含量一般为1.5%～2.2%，在籽粒的各部分分布很不均匀。灰分在小麦籽粒不同部位的含量有明显的差异，在麸皮中的含量最高，在中心胚乳中灰分只有0.3%左右。因此在小麦磨粉过程中形成不同等级的面粉的灰分含量也不同。小麦面粉的灰分含量常作为评价面粉等级的重要指标。

《小麦粉》（GB/T 1355—2021）规定，特制一等粉灰分不得超过0.7%，特制二等粉灰分应低于0.85%，标准粉灰分应小于1.10%，普通粉小于1.40%。我国专用小麦粉标准也对不同类型、不同级别的专用粉的灰分含量做了规定。

学校食堂新采购了一批小麦粉，采购时销售方宣称该批小麦粉虽然为"标准粉"，但质量能跟"特二粉"相提并论，学校食堂故委托检测该批小麦粉的质量，请完成该批小麦粉中总灰分含量的检测工作，并填写检验报告。

【任务准备】

1．参考标准
《食品安全国家标准 食品中灰分的测定》（GB 5009.4—2016）。

2．仪器设备
高温炉：最高使用温度≥950℃。
分析天平：感量分别为0.1mg、1mg、0.1g。
石英坩埚或瓷坩埚。
干燥器（内有干燥剂）。
电热板。
恒温水浴锅：控温精度±2℃。

3．试剂
10％盐酸溶液：量取24mL分析纯浓盐酸，用蒸馏水稀释至100mL。
0.5％三氯化铁溶液和等量的蓝墨水的混合液。

【任务实施】

1．瓷坩埚预处理
先用沸腾的10％盐酸洗涤，再用大量自来水洗涤，最后用蒸馏水冲洗。晾干后，用$FeCl_3$与蓝墨水的混合液在坩埚外壁及盖上编号，在900℃±25℃下灼烧30min，移至炉口冷却到200℃左右，移入干燥器中，冷却至室温，准确称重，精确至0.0001g。

2．称样
迅速称取样品5～10g，精确至0.0001g。将样品均匀分布在坩埚内，不要压紧。

3．测定
将坩埚置于高温炉口或电热板上，半盖坩埚盖，小心加热使样品在通空气情况下完全炭化至无烟，即刻将坩埚放入高温炉内，将温度升至900℃±25℃，保持此温度直至剩余的炭全部消失为止，一般1h可灰化完毕，冷却至200℃左右，取出，放入干燥器中冷却30min，称量前如发现灼烧残渣有炭粒时，应向试样中滴入少许水湿润，使结块松散，蒸干水分再次灼烧至无炭粒即表示灰化完全，方可称量。重复灼烧至前后两次称量相差不超过0.5mg即为恒重。

4．分析结果的表述
试样中总灰分含量按式(3-2)计算：

$$X = \frac{m_1 - m_2}{m_3 - m_2} \times 100\% \tag{3-2}$$

式中　X——试样中灰分含量，％；
　　　m_1——坩埚和灰分质量，g；
　　　m_2——坩埚的质量，g；
　　　m_3——坩埚和试样的质量，g。

试样中灰分含量≥10％时，保留三位有效数字；试样中灰分含量<10％时，保留两位有效数字。

5. 精密度

在重复条件下获得的两次独立测定结果的绝对差值不得超过算术平均值的 5%。

【结果与评价】

填写任务工单中的测定小麦粉中灰分含量数据记录表。按任务工单中的测定小麦粉中总灰分含量任务完成情况总结评价表对工作任务的完成情况进行总结评价。

【注意事项】

1. 样品炭化时要注意热源强度，防止产生大量泡沫溢出坩埚，对容易膨胀的试样，可先于试样中加数滴辛醇或纯植物油，再进行炭化。

2. 把坩埚放入高温炉或从炉中取出时，要在炉口停留片刻，使坩埚预热或冷却，防止因温度剧变而使坩埚破裂。

3. 灼烧后的坩埚应冷却到 200℃ 以下再移入干燥器中，否则因热的对流作用，易造成残灰飞散，且冷却速度慢，冷却后干燥器内形成较大真空，盖子不易打开。

4. 从干燥器内取出坩埚时，因内部形成真空，开盖恢复常压时，应注意使空气缓缓流入，以防残灰飞散。

5. 灰化后得到的残渣，可留作 Ca、P、Fe 等成分的分析。

6. 用过的坩埚经初步洗刷后，可用粗盐酸或废盐酸浸泡 10~20min，再用水冲刷洗净。

项目检测

一、基础概念

总灰分　水不溶性灰分　水溶性灰分　酸不溶性灰分

二、填空题

1. 食品经高温灼烧时，有机物质挥发散失，绝大多数无机物质（主要以无机盐和氧化物形式）残留下来，这些残留物称为_____。

2. 测定试样中灰分含量时，坩埚恒重是指前后两次称量之差不大于_____。

3. 食品灰化温度一般为_____。

4. _____灰分反映可溶性的钾、钠、钙、镁等的氧化物和盐类的含量。

5. 加速灰化的方法包括_____、_____、_____和_____。

三、选择题

1. 用马弗炉灰化样品时，下面操作不正确的是（　　）。

A. 将坩埚与样品在电炉上炭化后放入

B. 关闭电源后，开启炉门，降低至室温时取出

C. 用坩埚盛装样品

D. 将坩埚与坩埚盖同时放入炭化

2. 测定食品中的灰分时，不能采用的助灰化方法是（　　）。

A. 提高灰化温度至 800℃　　　　B. 加过氧化氢

C. 加助灰化剂　　　　　　　　　D. 加水溶解残渣后继续灰化

项目三 食品酸度的测定

知识目标

1. 了解食品酸度的测定意义。
2. 理解食品中常测酸度指标的种类及测定原理。
3. 掌握测定食品中总酸、挥发酸、有效酸度的方法。

技能目标

1. 了解食品中酸度测定的国家标准。
2. 会熟练正确进行滴定分析、蒸馏操作、酸度计的使用。
3. 能准确测定食品中的总酸、挥发酸和有效酸度。

基本知识

一、食品中的酸及其分类

1. 酸味物质

食品中的酸味物质,主要是溶于水的一些有机酸和无机酸。在果蔬及其制品中,以苹果酸、柠檬酸、酒石酸、琥珀酸和醋酸为主;在肉、鱼类食品中则以乳酸为主。此外,还有一些无机酸,如盐酸、磷酸等。这些酸味物质,有的是食品中的天然成分,如葡萄中的酒石酸、苹果中的苹果酸;有的是人为加进去的,如配制饮料中加入的柠檬酸;还有的是在食品发酵中产生的,如酸牛乳中的乳酸。

2. 酸度的概念

(1) 总酸度 指食品中所有酸性物质的总量,包括已解离的酸浓度和未解离的酸浓度,其大小可利用滴定法来确定,故总酸度又称为"可滴定酸度"。

总酸采用标准碱液来滴定,并以样品中主要代表酸的含量表示,结果计算时乘上相应的系数即可。

(2) 有效酸度 指被测溶液中氢离子的浓度,准确地说是溶液中氢离子的活度,反映的是已离解的酸的浓度,常用 pH 表示。其大小由酸度计(pH 计)测定。

(3) 挥发酸 指食品中易挥发的有机酸,如甲酸、乙酸(醋酸)、丁酸等低碳的直链脂肪酸,其大小可以通过蒸馏法分离,再利用标准碱液来滴定。

(4) 牛乳酸度 由两部分组成:外表酸度(固有酸度)和真实酸度(发酵酸度)。

外表酸度(固有酸度)指刚挤出来的新鲜牛乳本身所具有的酸度。在酸乳中为 0.15%～0.18%(以乳酸计)。真实酸度(发酵酸度)指牛乳放置过程中,由乳酸菌作用于乳糖产生乳酸而升高的那部分酸度。

具体表示牛乳酸度的两种方法:

① 用°T 表示牛乳的酸度,1°T 是指滴定 100mL 牛乳样品所消耗 0.1000mol/L 的氢氧化钠液的体积(单位 mL)。通常新鲜牛乳的酸度常为 16～18°T。

② 用乳酸的百分含量来表示:与总酸的计算方法一样,用乳酸来表示牛乳的酸度。

二、食品酸度测定的意义

食品中的酸不仅作为酸味成分,而且在食品加工、贮藏及品质管理等方面被认为是重要的成分,国家标准对一些典型产品的酸度做了专门的规定,见表 3-3。

表 3-3 典型食品的酸度国家标准

国家标准	品名	酸度
GB/T 20981—2021	面包	≤6°T
GB 19644—2010	乳粉	≤18°T(复原牛乳酸度)
GB/T 18623—2011	镇江香醋 (特级,优级,一级,二级)	总酸(以乙酸计) ≥6.00g/100mL,5.50～5.99g/100mL,5.00～5.49g/100mL, 4.50～4.99g/100mL

1. 可判断果蔬的成熟程度

有机酸在果蔬中的含量因其成熟度及生长条件不同而异,一般随着成熟度的提高,有机酸含量下降。例如,番茄在成熟过程中,总酸度从绿熟期的 0.94% 下降到完熟期的 0.64%,同时糖类含量增加,糖酸比增大,具有良好的口感,故测定酸度可判断某些果蔬的成熟度,对于确定果蔬收获及加工工艺条件很有意义。

2. 可判断食品的新鲜程度

如牛乳,当牛乳酸度超过 0.15%～0.20%,即认为牛乳已腐败变质产生了乳酸。习惯上把含酸量在 0.20% 以下的牛乳列为新鲜牛乳,而 0.20% 以上的列为不新鲜牛乳。肉的新鲜度测定就是测定肉的 pH,如新鲜肉的 pH 为 5.7～6.2,若 pH>6.7,说明肉已变质。

3. 反映食品的质量指标

食品中有机酸含量的多少,直接影响食品的风味、色泽、稳定性和品质的高低。酸的测定对微生物发酵过程具有一定的指导意义。例如酒和乙醇生产中,对麦芽汁、发酵液、酒曲等的酸度都有一定的要求。发酵制品中酒、酱油、食醋等所含的酸也是一个重要的质量指标。pH 的高低对食品稳定性也有一定影响，在水果加工中，控制介质 pH 可以抑制水果褐变。降低 pH，能减弱微生物的抗热性和抑制其生长。

三、食品中常见酸度的测定依据及方法

参照《食品安全国家标准 食品酸度的测定》（GB 5009.239—2016）、《食品安全国家标准 食品中总酸的测定》（GB 12456—2021）、《水果和蔬菜产品中挥发性酸度的测定方法》（GB/T 10467—1989），测定食品中的酸度、总酸、挥发性酸度、有效酸度。

1. 食品中总酸的测定

根据酸碱中和理论，用氢氧化钠标准溶液滴定试样中的酸，用酚酞指示剂或者酸度计指示 pH 值到 8.2，确定为滴定终点。根据碱液的消耗量计算食品中的总酸含量。

2. 食品中挥发性酸度的测定

样品经适当处理，加入适量的磷酸或酒石酸使结合态的挥发酸游离出来，用水蒸气蒸馏装置（见图 3-3）使挥发酸分离，经冷凝、收集后，用标准碱液滴定，根据碱液的消耗量计算食品中的挥发酸含量。

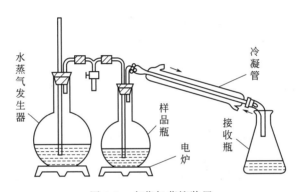

图 3-3 水蒸气蒸馏装置

3. 食品中有效酸度的测定

利用玻璃电极作为指示电极，甘汞电极或银-氯化银电极作为参比电极，当试样或试样溶液中氢离子浓度发生变化时，指示电极和参比电极

酸度计的使用

之间的电动势也随着发生变化而产生直流电势（即电位差），通过前置放大器输入 A/D 转换器，以达到 pH 测量的目的。

本方法适用于各类饮料、果蔬及其制品，以及肉、蛋类等食品中 pH 的测定。

（1）酸度计校准 因电极设计的类型不同，其操作步骤也不同，因而操作应严格按照其使用说明书正确进行。

尽管酸度计的种类很多，但校准方法均采用两点校准法，即选择两种标准缓冲液：第一种是 pH 7 标准缓冲液，第二种是 pH 9 标准缓冲液或 pH 4 标准缓冲液。先用 pH 7 标准缓冲液对酸度计进行定位，再根据待测溶液的酸碱性选择第二种标准缓冲液。如果待测溶液呈酸性，则选用 pH 4 标准缓冲液；如果待测溶液呈碱性，则选用 pH 9 标准缓冲液。若是手动调节的酸度计，应在两种标准缓冲液之间反复操作几次，直至不需再调节其零点和定位（斜率）旋钮，酸度计即可准确显示两种标准缓冲液的 pH 值，则校准过程结束。此后，在测量过程中零点和定位旋钮就不应再动。若是智能式酸度计，则不需反复调节，因为其内部已储存几种标准缓冲液的 pH 值可供选择，而且可以自动识别并自动校准，但要注意标准缓

冲液的选择及其配制的准确性。

在校准前应特别注意待测溶液的温度，以便正确选择标准缓冲液，并调节酸度计面板上的温度补偿旋钮，使其与待测溶液的温度一致。不同温度下，标准缓冲溶液的pH值是不一样的。

校准工作结束后，对使用频繁的酸度计一般在48h内仪器不需再次标定。如遇到下列情况之一，仪器则需要重新标定：

① 溶液温度与标定温度有较大的差异时。
② 电极在空气中暴露过久，如0.5h以上时。
③ 定位或斜率调节器被误动。
④ 测量过酸（pH<2）或过碱（pH>12）的溶液后。
⑤ 换过电极后。
⑥ 当所测溶液的pH值不在两点定位时所选溶液的中间，且距pH 7又较远时。
⑦ 测量时应按说明书规定的时间周期对仪器进行校准。

注意：

标准缓冲溶液温度尽量与被测溶液温度接近。

定位标准缓冲溶液应尽量接近被测溶液的pH值。或两点标定时，应尽量使被测溶液的pH值在两个标准缓冲溶液的区间内。

校准后，应将浸入标准缓冲溶液的电极用水充分冲洗，因为缓冲溶液的缓冲作用，带入被测溶液后，会造成测量误差。

（2）玻璃电极的清洗 玻璃电极球泡受污染可能使电极响应时间加长。可用CCl_4或皂液揩去污物，然后浸入蒸馏水一昼夜后继续使用。污染严重时，可用5%HF溶液浸10～20min，立即用水冲洗干净，然后浸入0.1mol/L的HCl溶液一昼夜后继续使用。

任务六　苹果醋饮料中总酸含量的测定

【任务描述】

按《食品安全国家标准　食品中总酸的测定》（GB 12456—2021）、《苹果醋饮料》（GB/T 30884—2014）规定，苹果醋饮料是苹果或其浓缩果汁等，经酒精发酵和醋酸发酵而制成的果醋，再添加不同辅料加工制作而成的饮料。其中要求总酸（以乙酸计）≥3g/kg。

中国的醋文化源远流长，随着佐餐饮料的发展，苹果醋饮料作为一种发酵型果蔬汁饮料产品，深受广大消费者的喜爱。中国作为苹果种植大国、浓缩苹果汁生产大国，也为苹果醋饮料的发展提供了原料基础。苹果醋行业发展将不断向健康化、个性化、安全化方向转变，未来苹果醋行业发展空间广阔。同时，国家标准的制定和实施，对于规范苹果醋饮料产品和市场提供监督依据，对保护消费者的利益有着重要的意义。

某饮料企业研发了一款苹果醋饮料，经调配、感官鉴评等工作选择了两款产品作为待确定产品，现委托对其中一种苹果醋饮料进行检测，请协助该公司完成指定苹果醋饮料中总酸含量的检测，并填写检验报告。

【任务准备】

1. 参考标准

《食品安全国家标准　食品中总酸的测定》（GB 12456—2021）。

2. 仪器设备

天平：感量为1mg。
电位滴定仪。
碱式滴定管：分刻度为0.1mL。
水浴锅：控温精度±2℃。

碱式滴定管的使用　　氢氧化钠溶液的标定

3. 试剂配制

氢氧化钠标准溶液：0.1000mol/L。
酚酞指示液：称取0.5g酚酞溶于75mL体积分数为95%的乙醇中。

【任务实施】

1. 试样的制备

移液管的使用

试样放置常温，密封保存。
不含二氧化碳的样品：充分混合均匀，置于密闭玻璃容器内。
含二氧化碳的样品：至少200g样品（精确到0.01g）于500mL烧杯中，在减压下摇动3~4min，以除去液体样品中的二氧化碳。

2. 待测溶液的制备

称取25g（精确至0.01g）或用移液管吸取25.0mL试样至250mL容量瓶中，用无二氧化碳的水定容至刻度，摇匀，用快速滤纸过滤，收集滤液，用于测定。

3. 样品总酸测定

根据试样总酸的可能含量，使用移液管吸取25mL、50mL或者100mL试液，置于250mL锥形瓶中，加入2~4滴酚酞指示液，用0.1mol/L氢氧化钠标准滴定溶液（若为白酒等样品，总酸≤4g/kg，可用0.01mol/L或0.05mol/L氢氧化钠滴定溶液）滴定至微红色30s不褪色。记录消耗0.1mol/L氢氧化钠标准滴定溶液的体积。

4. 空白试验

按3的操作，用同体积无二氧化碳的水代替试液做空白试验，记录消耗氢氧化钠标准滴定溶液的体积。

5. 分析结果的表述

试样中总酸的含量按式(3-3)计算：

$$X = \frac{(V_1 - V_2)ck}{m} \times F \times 1000 \tag{3-3}$$

式中　X——试样中总酸的含量，g/kg或g/L；
　　　V_1——试液消耗氢氧化钠标准滴定液的体积，mL；
　　　V_2——试剂空白消耗氢氧化钠标准滴定液的体积，mL；
　　　c——氢氧化钠标准滴定溶液浓度，mol/L；
　　　k——酸的换算系数：苹果酸，0.067；醋酸，0.060；酒石酸，0.075；柠檬酸，0.064；柠檬酸（含一分子结晶水），0.070；乳酸，0.090；盐酸，0.036；硫酸，0.049；磷酸，0.049；
　　　F——试液的稀释倍数；

m——试样的质量，g 或吸取试样的体积，mL；

1000——换算系数。

计算结果以重复性条件下获得的两次独立测定结果的算术平均值表示，结果保留到小数点后两位。

6. 精密度

在重复性条件下获得的两次独立测定结果的绝对差值不得超过算术平均值的 10%。

【结果与评价】

填写任务工单中的测定苹果醋饮料中总酸含量数据记录表。按任务工单中的测定苹果醋饮料中总酸含量任务完成情况总结评价表对工作任务的完成情况进行总结评价。

【注意事项】

1. 食品中含有多种有机酸，总酸测定的结果一般以样品中含量最多的酸来表示。分析葡萄时用酒石酸表示；分析柑橘类果实以柠檬酸表示；分析仁果、核果类以及大部分浆果时按苹果酸计算；分析乳制品、鱼肉类食品按乳酸计算。换算系数 k 分别为：苹果酸 $k=0.067$，醋酸 $k=0.060$，酒石酸 $k=0.075$，柠檬酸 $k=0.070$，乳酸 $k=0.090$。

2. 全部过程所用的蒸馏水均需新煮沸后并冷却的水，目的是除去其中的 CO_2。

3. 样品中如有 CO_2 对测定亦有干扰，故在测定之前将其除去。

项目检测

一、基础概念

总酸度　挥发酸　有效酸度

二、填空题

1. 食品中的酸度指标包括_____、_____和_____。

2. _____指食品中所有酸性物质的总量，包括已解离的酸浓度和未解离的酸浓度，其大小可利用滴定法来确定，故又称为"可滴定酸度"。

3. 乳酸菌作用下牛乳产生的乳酸升高的那部分酸度叫_____。

4. 总酸的测定一般采用_____法测定。

5. 挥发性酸度的测定中，需要利用_____预处理先分离得到挥发酸，再利用酸碱滴定分析出挥发酸含量。

三、选择题

1. 食品中的酸度可分为总酸度、有效酸度和（　　）。

A. 溶液中的 H^+ 浓度　　B. 挥发酸　　C. 有机酸　　D. 无机酸

2. 不是食品中挥发酸成分的是（　　）。

A. 醋酸　　B. 乳酸　　C. 甲酸　　D. 丁酸

3. 食品中酸度测定所用的水为（　　）。

A. 无 CO_2 蒸馏水　　B. 蒸馏水　　C. 纯净水　　D. 超纯水

4. 牛乳中含酸量不超过 0.2%，表示该牛乳状态是（　　）的。

A. 新鲜　　B. 不新鲜　　C. 有酸味　　D. 凝固

任务七 桃罐头中有效酸度的测定

【任务描述】

各类罐头食品在室温条件下能够长期保存，便于携带、运输和储存。其中，水果罐头是备受消费者喜爱的一类，水果罐头以用料不同而命名不同，一般水果罐头的原料取材于水果，包括黄桃、苹果、荔枝、草莓、山楂等，产品主要有黄桃罐头、草莓罐头、菠萝蜜罐头、橘子罐头等。罐头食品以 pH 4.6 为界限进行划分，pH 值大于 4.6 的罐头食品属于低酸性罐头，pH 值小于 4.6 的罐头食品属于酸性罐头食品。依据《食品安全国家标准 食品 pH 值的测定》（GB 5009.237—2016）、《桃罐头质量通则》（GB/T 13516—2023）规定，桃罐头产品的 pH 应为 3.4～4.0。

某罐头生产企业生产了一批桃罐头，现委托对其有效酸度进行测定，请协助该公司完成检测工作，并填写检验报告。

【任务准备】

1．参考标准

《食品安全国家标准 食品 pH 值的测定》（GB 5009.237—2016）。

2．仪器设备

机械设备：用于试样的均质化，包括高速旋转的切割机，或多孔板的孔径不超过 4mm 的绞肉机。

酸度计：准确度为 0.01。仪器应有温度补偿系统，若无温度补偿系统，应在 20℃ 以下使用，并能防止外界感应电流的影响。

复合电极：由玻璃指示电极和 Ag/AgCl 或 Hg/Hg_2Cl_2 参比电极组装而成。

均质器：转速可达 20000r/min。

磁力搅拌器。

3．试剂

pH 3.57 的缓冲溶液（20℃）：酒石酸氢钾在 25℃ 配制的饱和水溶液，此溶液的 pH 在 25℃ 时为 3.56，而在 30℃ 时为 3.55。或使用经国家认证并授予标准物质证书的标准溶液。

pH 4.00 的缓冲溶液（20℃）：于 110～130℃ 将邻苯二甲酸氢钾干燥至恒重，并于干燥器内冷却至室温。称取邻苯二甲酸氢钾 10.211g（精确到 0.001g），加入 800mL 水溶解，用水定容至 1000mL。此溶液的 pH 在 0～10℃ 时为 4.00，在 30℃ 时为 4.01。或使用经国家认证并授予标准物质证书的标准溶液。

pH 5.00 的缓冲溶液（20℃）：将柠檬酸氢二钠配制成 0.1mol/L 的溶液即可。或使用经国家认证并授予标准物质证书的标准溶液。

pH 5.45 的缓冲溶液（20℃）：称取 7.010g（精确到 0.001g）一水柠檬酸，加入 500mL 水溶解，加入 375mL 1.0mol/L 氢氧化钠溶液，用水定容至 1000mL。此溶液的 pH 在 10℃ 时为 5.42，在 30℃ 时为 5.48。或使用经国家认证并授予标准物质证书的标准溶液。

pH 6.88 的缓冲溶液（20℃）：于 110～130℃ 将无水磷酸二氢钾和无水磷酸氢二钠干燥至恒重，于干燥器内冷却至室温。称取上述磷酸二氢钾 3.402g（精确到 0.001g）和磷酸氢二钠 3.549g（精确到 0.001g），溶于水中，用水定容至 1000mL。此溶液的 pH 在 0℃ 时为

6.98，在 10℃时为 6.92，在 30℃时为 6.85。或使用经国家认证并授予标准物质证书的标准溶液。

以上缓冲液一般可保存 2~3 个月，但发现有浑浊、发霉或沉淀等现象时，不能继续使用。

氢氧化钠溶液（1.0mol/L）：称取 40g 氢氧化钠，溶于水中，用水稀释至 1000mL。或使用经国家认证并授予标准物质证书的标准溶液。若待测试样处在僵硬前的状态，需加入已用氢氧化钠溶液调节 pH 至 7.0 的 925mg/L 碘乙酸溶液，以阻止糖酵解。

【任务实施】

1．试样制备

① 液态制品混匀备用，固相和液相分开的制品则取混匀的液相部分备用。

② 稠厚或半稠厚制品以及难以从中分出汁液的制品［比如糖浆、果酱、果（菜）浆类、果冻等］：取一部分样品在混合机或研钵中研磨，如果得到的样品仍太稠厚，加入等量的刚煮沸过的蒸馏水，混匀备用。

2．酸度计的校正

将两个已知精确 pH 的缓冲溶液（尽可能接近待测溶液的 pH），在测定温度下用磁力搅拌器搅拌的同时校正酸度计。若酸度计不带温度补偿系统，应保证缓冲溶液的温度在 20℃±2℃范围内。

3．样品有效酸度的测定

取一定量能够浸没或埋置电极的试样，将电极插入试样中，将酸度计的温度补偿系统调至试样温度。若酸度计不带温度补偿系统，应保证待测试样的温度为 20℃±2℃。采用适合于所用酸度计的步骤进行测定，读数显示稳定以后，直接读数，精确至 0.01。

同一个试样至少要进行两次测定。

4．电极的清洗

用脱脂棉先后蘸乙醚和乙醇擦拭电极，最后用水冲洗并按生产商的要求保存电极。

5．精密度

在重复性条件下获得的两次独立测定结果的绝对差值不得超过 0.1pH。

【结果与评价】

填写任务工单中的测定桃罐头有效酸度数据记录表。按任务工单中的测定桃罐头中有效酸度任务完成情况总结评价表对工作任务的完成情况进行总结评价。

【注意事项】

1．样品试液制备后，立即测定，不宜久存。

2．新电极或很久未用的干燥电极，必须预先浸在蒸馏水或 0.1mol/L 盐酸溶液中 24h 以上，其目的是使玻璃电极球膜表面形成良好离子交换能力的水化层。玻璃电极不用时，宜浸在蒸馏水中。

3．由于玻璃膜易破碎，所以使用玻璃电极时，应特别小心，安装两电极时玻璃电极应比甘汞电极稍高些。如果玻璃沾有油污，可先浸入乙醇，然后浸入乙醚或四氯化碳中，最后在浸入乙醇后，用蒸馏水清洗干净。

4. 要经常进行校正，一般校正后 24h 内不需要再校正。

5. 酸度计经标准 pH 缓冲溶液校正后，不能再移动校正旋钮，否则必须重新标定。

6. 第二次标定时用接近被测溶液 pH 的缓冲液。如果是酸性则选 pH 4.01 的缓冲液，碱性选 pH 9.22 的缓冲液。

项目检测

一、基础概念

有效酸度　酸度计　两点校准法

二、填空题

1. _____指被测溶液中氢离子的浓度。

2. _____指食品中所有酸性物质的总量，包括已解离的酸浓度和未解离的酸浓度，其大小可利用滴定法来确定。

3. pH 复合电极不用时须浸在_____。

4. 用酸度计测得一果汁样品的 pH 值为 3.4，这是指样品的_____。

5. 食品中呈游离状态的氢离子浓度，常用 pH 值表示称为_____。

三、选择题

1. 有效酸度是指（　　）。

A. 用酸度计测出的 pH 值

B. 被测溶液中氢离子总浓度

C. 挥发酸和不挥发酸的总和

D. 样品中未离解的酸和已离解的酸的总和

2. 用酸度计测定溶液的 pH 值时，预热后应选用（　　）进行校正。

A. 0.1mol/L 的标准酸溶液校正

B. 0.1mol/L 的标准碱溶液校正

C. 用 pH 值为 6.86 的缓冲溶液校正

D. 用至少 2 个标准缓冲溶液校正

项目四　食品中糖类物质的测定

知识目标

1. 了解食品中糖类物质的测定意义。
2. 理解各种糖类(还原糖、蔗糖、总糖等)的概念及测定原理。
3. 理解各种糖类物质测定的方法。
4. 掌握直接滴定法测定还原糖的原理。

技能目标

1. 会解读食品中糖类物质(还原糖、蔗糖、总糖等)测定的国家标准。
2. 能规范进行滴定操作,正确对碱性酒石酸铜溶液进行标定。
3. 能使用直接滴定法测定食品中的还原糖。

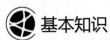 基本知识

一、食品中的糖类

糖类,是由碳、氢、氧三种元素组成的一大类化合物。糖类物质不仅是人类能量的主要来源,还具有许多重要的生理活性,是食品工业的主要原料和辅助材料,是大多数食品的主要成分之一,在食品中占有很重要的地位。它赋予食品许多特性,包括容积、形状、黏度、乳化稳定性和气泡性、持水能力、冻-溶稳定性、褐变、风味香味和所需的质构(从松脆到滑爽、柔软)。糖类包括单糖、低聚糖、多糖。单糖是糖类物质的最基本组成单位,低聚糖和多糖是由单糖构成的。低聚糖又称寡糖,是由2~10个分子的单糖通过糖键连接形成的直链或支链的有机化合物,如蔗糖、乳糖、麦芽低聚糖等,是保持和增进健康的重要原料。多糖是由许多单糖缩合而成的高分子化合物,包括杂多糖和同多糖。前者是由不同单糖组成的,如果胶、黄原胶等,后者是由同一种单糖分子构成的,如淀粉、纤维素等。食品中主要

的单糖有葡萄糖、果糖、半乳糖，还有核糖、阿拉伯糖、木糖等；食品中常见的低聚糖有麦芽糖、蔗糖、乳糖、果葡糖浆、环状糊精、低聚果糖、低聚木糖、麦芽低聚糖、异麦芽低聚糖等；食品中常见的多糖有淀粉、糖原、纤维素、果胶、壳聚糖、黏多糖等。

二、食品中糖类测定的意义

糖类具有重要的生理功能，可提供能量、构成机体的重要物质、参与营养素的代谢等。是食品营养价值的重要指标。糖类存在于各种食品原料中（特别是植物性原料中），其存在形式和含量不一，作为食品工业的主要原料和辅助材料，在食品加工过程中，对食品的形态、组织结构、理化性质及色香味等都有较大的影响，也是衡量食品营养价值的重要指标之一。根据 GB 7718—2011《食品安全国家标准 预包装食品标签通则》规定，碳水化合物是预包装食品必须标识的营养成分之一，所以测定食品中的糖类物质含量的意义重大。

三、食品中糖类的测定依据及方法

1．还原糖的测定

在糖类分子中含有游离醛基或酮基的单糖和含有游离醛基的二糖都具有还原性。还原性糖类包括葡萄糖、果糖、半乳糖、麦芽糖等。其他双糖（如蔗糖）、多糖（如糊精、淀粉等）本身不具有还原性，属于非还原糖，但都可以通过水解生成相应的还原性单糖，测定水解液的还原糖含量就可以求得样品中相应糖类的含量。因此，还原糖的测定是一般糖类定量测定的基础。

依据《食品安全国家标准 食品中还原糖的测定》（GB 5009.7—2016）规定，还原糖共有四种测定方法，第一法为直接滴定法，第二法为高锰酸钾滴定法，第三法为铁氰化钾法，第四法为奥氏试剂滴定法。其中第一法、第二法适用于食品中还原糖含量的测定；第三法适用于小麦粉中还原糖含量的测定；第四法适用于甜菜块根中还原糖含量的测定。

(1) 直接滴定法

① 实验原理。还原糖有游离的醛基，醛基有很好的还原性。许多酮糖也是还原糖，如果糖，在碱性溶液中能异构化成醛糖。将一定量的碱性酒石酸铜甲液、乙液等量混合，立即生成天蓝色的氢氧化铜沉淀，这种沉淀很快与酒石酸钾钠反应，生成深蓝色的可溶性酒石酸铜配合物，酒石酸铜溶液中的 Cu^{2+} 是一种弱氧化剂，在加热条件下，以亚甲蓝作为指示剂，经处理除去蛋白质后样液中的还原糖与酒石酸钾钠铜反应，产生醛糖酸和氧化亚铜沉淀（砖红色沉淀）。待 Cu^{2+} 全部被还原后，稍过量的还原糖把亚甲蓝还原，溶液由蓝色变为无色，即为滴定终点。根据样液消耗量可计算还原糖含量，其反应方程式如下：

$$R-CHO + 2Cu(OH)_2 \longrightarrow R-COOH + Cu_2O\downarrow + 2H_2O$$

② 碱性酒石酸铜溶液的标定。使用葡萄糖或者其他还原糖标准溶液标定 5.0mL 碱性酒石酸铜甲液与 5.0mL 碱性酒石酸铜乙液混合液，通过消耗还原糖标准溶液体积确定每 10mL 碱性酒石酸铜溶液相当于还原糖的质量。标定过程中要注意滴定速度及热源强度。

③ 试样制备。淀粉类食品、酒精饮料、碳酸饮料及除此之外的其他食品，根据食品性质进行适量称量后，进行样品处理，并使用乙酸锌溶液和亚铁氰化钾溶液除去试液中的蛋白质，试液过滤备用。

④ 试样溶液预测。在对食品中还原糖含量测定时需要对待测样品进行预测，以粗略估计样液消耗的碱性酒石酸钾钠铜溶液含量。当样液中还原糖浓度过高时，要将样液进行适当稀释后再进行测定，稀释程度应以每次滴定时消耗的样液体积与标定碱性酒石酸钾钠铜溶液

时消耗的还原糖标准溶液体积接近为准，约10mL。若样液浓度过低，则直接加入10mL样液，不加水直接使用还原糖标准溶液进行滴定。

⑤ 试样测定。参照预滴定结果，直接将比预滴定体积少1.0mL的试样加入含5.0mL碱性酒石酸铜甲液与5.0mL碱性酒石酸铜乙液锥形瓶中，在测定条件下，控制滴定速度及热源强度，滴定至蓝色刚好褪去，记录体积并进行计算。

此方法特点是试剂用量少，操作和计算都比较简便、快速，滴定终点明显。适用于各类食品中还原糖的测定。但对于测定酱油、深色果汁等颜色比较深的样品时，因色素干扰，滴定终点比较难以判定，影响测定结果准确性。

（2）高锰酸钾滴定法 高锰酸钾滴定法测定原理是试样经除去蛋白质后，其中还原糖与一定量过量的碱性酒石酸铜溶液反应，还原糖使Cu^{2+}还原为氧化亚铜；经过滤取得氧化亚铜，用硫酸铁溶液将其氧化溶解，而三价铁盐被还原为亚铁盐，再用高锰酸钾标准溶液滴定所产生的亚铁盐；根据高锰酸钾标准溶液的消耗量计算得氧化亚铜量，查得与氧化亚铜量相当的还原糖量，即可计算样品中的还原糖含量。此方法测定结果准确性、重现性较好，但较费时费力。

（3）铁氰化钾法 铁氰化钾法测定还原糖原理系经处理后试样中还原糖在碱性溶液中将铁氰化钾还原为亚铁氰化钾，还原糖本身被氧化为相应的糖酸；过量的铁氰化钾在乙酸的存在下，与碘化钾作用析出碘，析出的碘以硫代硫酸钠标准溶液滴定；通过计算氧化还原糖时所用铁氰化钾的量，即可得到试样中还原糖的含量。此方法只适用于小麦粉中还原糖含量的测定。

（4）奥氏试剂滴定法 奥氏试剂滴定法测定还原糖原理系在沸腾条件下，经处理后试样中还原糖与过量奥氏试剂反应生成相当量的Cu_2O沉淀，冷却后加入盐酸使溶液呈酸性，并使Cu_2O沉淀溶解；然后加入过量碘溶液进行氧化，用硫代硫酸钠溶液滴定过量的碘，硫代硫酸钠标准溶液空白试验滴定量减去其样品试验滴定量得到一个差值，由此差值便可计算出还原糖的量。此方法只适用于甜菜块根中还原糖含量的测定。

2．蔗糖的测定

蔗糖是葡萄糖和果糖组成的双糖，我们日常饮食中接触最多的糖类就是蔗糖。按《食品安全国家标准 食品中果糖、葡萄糖、蔗糖、麦芽糖、乳糖的测定》（GB 5009.8—2023），测定方法主要包括高效液相色谱法和酸水解-莱因-埃农氏法。

（1）高效液相色谱法 高效液相色谱法原理：试样中的果糖、葡萄糖、蔗糖、麦芽糖和乳糖经提取纯化去除大部分杂质后，利用高效液相色谱柱分离，用示差折光检测器或蒸发光散射检测器检测信号，与标准物质保留时间进行比较定性，外标法进行定量。此方法适用于谷物类、乳制品、果蔬制品、蜂蜜、糖浆、饮料等食品中果糖、葡萄糖、蔗糖、麦芽糖和乳糖的测定。方法中用到的主要设备是高效液相色谱仪，需配备示差折光检测器或蒸发光散射检测器及氨基色谱柱或具有同等性能的色谱柱。此方法检测灵敏度及准确度高，但是相对传统方法成本较高。

（2）酸水解-莱因-埃农氏法 蔗糖没有还原性，不能用碱性铜盐试剂直接测定，但试样经除去蛋白质后，其中蔗糖经盐酸水解可以转化为还原糖，因此，可以用测定还原糖的方法测定蔗糖的含量。水解前后的差值乘以相应的系数即为蔗糖含量。样品处理后测定过程参照还原糖直接滴定法或者高锰酸钾滴定法即可。

3. 总糖的测定

食品中的总糖通常是指具有还原性的糖（葡萄糖、果糖、乳糖、麦芽糖等）和在测定条件下能水解为还原性单糖的蔗糖的总量。总糖是糕点、果蔬罐头、饮料、蜜饯等许多食品的重要质量指标。总糖的测定通常是以还原糖的测定方法为基础的，其原理为：试样经处理除去蛋白质等杂质后，加入稀盐酸在加热条件下使非还原糖水解转化为还原糖，再以直接滴定法测定水解后试样中还原糖的总量。

4. 淀粉测定

淀粉是由葡萄糖聚合成的高分子多糖。淀粉在一定条件下可以水解成葡萄糖，这是淀粉含量测定的理论基础。按《食品安全国家标准 食品中淀粉的测定》（GB 5009.9—2023），测定淀粉的方法主要有酶水解法、酸水解法及肉制品中淀粉含量测定法（碘量法）三种。

(1) 酶水解法 该方法适用于食品（肉制品除外）中淀粉的测定。测定原理是待检试样经处理去除脂肪及可溶性糖后，淀粉被淀粉酶水解成小分子糖，再用盐酸水解成单糖，即可参照还原糖的测定进行测量。因酶的专一选择性，该方法测得的淀粉含量比较准确，但是测定过程中样品处理时保温时间因待测产品品种而异，有的种类可能需要几小时，长的甚至几天，如马铃薯，最终以溶液加碘不显蓝为准。样品处理后参照还原糖的直接滴定法进行测定，折算出淀粉含量即可。

(2) 酸水解法 该方法适用于食品（肉制品除外）中淀粉的测定。测定原理是待检试样经处理去除脂肪及可溶性糖后，其中残存淀粉用酸水解成具有还原性的单糖，然后按还原糖测定的直接滴定法进行测定，并折算成淀粉含量。此方法相对酶水解法操作更简单，但是选择性和准确性稍差。对于富含半纤维素、果胶等物质的样品，因半纤维素、果胶等也会被水解成还原糖，会造成结果偏高。因此要根据样品性质选择是否使用酸水解法。

(3) 肉制品中淀粉含量测定法 该方法适用于肉制品中淀粉含量的测定。测定原理是待检试样中加入氢氧化钾-乙醇溶液，沸水浴上加热，样品组织被破坏，样品中脂肪被皂化；然后将样品过滤，过滤沉淀用热乙醇洗涤，除去淀粉和可溶性糖；所得沉淀用酸水解后，用碘量法测定所得葡萄糖并计算淀粉含量。操作时要注意样品经处理后所得沉淀洗涤时也应彻底，防止碱液残留，否则弱化酸的水解作用，使水解不彻底，结果偏低。

5. 纤维素的测定

膳食纤维是植物的可食部分或类似的碳水化合物，在人类的小肠中难以消化吸收，在大肠中会全部发酵分解。膳食纤维是人体所需的营养素之一。在纤维素的测定中，有粗纤维和膳食纤维两种测定方式，因测定处理方式不同，所以同一种产品的粗纤维含量和膳食纤维含量是有区别的。

参照《食品安全国家标准 食品中膳食纤维的测定》（GB 5009.88—2023），可测定食品中总膳食纤维（TDF）含量、不溶性膳食纤维（IDF）含量和可溶性膳食纤维（SDF）含量。

参照《植物类食品中粗纤维的测定》（GB/T 5009.10—2003），可测定植物类食品中粗纤维含量。

6. 果胶物质的测定

果胶物质是由半乳糖醛酸、乳糖、阿拉伯糖、葡萄糖醛酸等组成的高分子聚合物，是一种植物胶，存在于果蔬类植物组织中，是构成植物细胞的主要成分之一。

参照《果汁测定方法 果胶的测定》（NY 82.11—1988），可测定果汁中果胶含量。

参照《水果及其制品中果胶含量的测定 分光光度法》（NY/T 2016—2011），可测定水果及其制品中果胶含量。

分光光度法测定食品中果胶含量的原理为：用无水乙醇沉淀试样中的果胶物质，果胶经水解后生成半乳糖醛酸，在硫酸中与咔唑试剂发生缩合反应，生成紫红色化合物，该化合物在525nm处有最大吸收，其吸收值与果胶含量成正比，以半乳糖醛酸为标准物质，用标准曲线法进行定量。该方法的优点是操作简单、快速，结果准确度高、重现性好。但测定过程中应注意：①在样品处理过程中，因糖类存在会使结果偏高，因此预处理时糖类去除一定要彻底；②在实验中硫酸浓度对反应结果影响比较大，因此在测定过程中要保证测定试样和标液制备使用同规格、批号的硫酸。

任务八 糖果中还原糖含量的测定

【任务描述】

按《绿色食品 糖果》（NY/T 2986—2016）规定了硬质糖果、酥制糖果、焦香糖果等各类糖果的理化指标，其中理化指标主要有干燥失重、还原糖（以葡萄糖计）、铜等。对于还原糖含量的要求各类糖果限量稍有区别，检测依据皆为GB 5009.7—2016。

还原糖是一种具有还原性的糖类，主要有葡萄糖、果糖、乳糖、麦芽糖等，还原糖在糖果中能够起到抗结晶、吸水汽以及提高蔗糖溶液溶解度的特性。还原糖在糖果中的添加，目前已公认具有抑制返砂结晶的作用，其含量偏高会造成糖果吸潮而不耐储存，偏低可能导致在糖果成形之前形成小的晶块，影响到糖果的品质。因此还原糖含量对于糖果品质来说非常重要。另外，还原糖测定也是其他测定指标如总糖、淀粉等指标测定的基础，在葡萄酒干浸出物的计算中也需要还原糖含量，因此掌握还原糖测定方法，对于相关食品品质控制具有重要意义。

某公司委托完成一批硬质糖果中还原糖含量测定的任务，请协助检测工作，并填写检验报告。

【任务准备】

1. 参考标准

《食品安全国家标准 食品中还原糖的测定》（GB 5009.7—2016）。

2. 仪器设备

天平：感量为0.1mg。

可调温电炉。

酸式滴定管：25mL。

3. 试剂配制

盐酸溶液（1+1，体积比）：量取盐酸50mL，加水50mL混匀。

碱性酒石酸铜甲液：称取硫酸铜15g和亚甲蓝0.05g，溶于水中，并稀释至1000mL。

碱性酒石酸铜乙液：称取酒石酸钾钠50g和氢氧化钠75g，溶解于水中，再加入亚铁氰化钾完全溶解后，用水定容至1000mL，贮存于橡胶塞玻璃瓶中。

乙酸锌溶液：称取乙酸锌21.9g，加冰醋酸3mL，加水溶解并定容于100mL。

亚铁氰化钾溶液（106g/L）：称取亚铁氰化钾10.6g，加水溶解并定容至100mL。

葡萄糖标准溶液（1.0mg/mL）：准确称取经过98～100℃烘箱中干燥2h后的葡萄糖

1g，加水溶解后加入盐酸溶液5mL，并用水定容至1000mL。此溶液每毫升相当于1.0mg葡萄糖。

【任务实施】

1. 称取粉碎后的糖果样品2.5～5g（精确至0.001g）置于250mL容量瓶中，加50mL水，缓慢加入乙酸锌溶液5mL和亚铁氰化钾溶液5mL，加水至刻度，混匀后静置30min，用滤纸过滤，弃去初滤液，取后续滤液备用。

2. 碱性酒石酸铜溶液的标定：吸取碱性酒石酸铜甲液5.0mL和碱性酒石酸铜乙液5.0mL，于150mL锥形瓶中，加水10mL，加入玻璃珠2～4粒，从滴定管中加葡萄糖标准溶液约9mL，控制在2min内加热至沸，趁热以每2秒1滴的速度继续滴加葡萄糖标准溶液直至溶液蓝色刚好褪去为终点，记录消耗葡萄糖标准溶液的总体积，同时平行操作3份，取其平均值，计算每10mL（碱性酒石酸甲液、乙液各5mL）碱性酒石酸铜溶液相当于葡萄糖的质量（mg）。

注：也可以按上述方法标定4～20mL碱性酒石酸铜溶液（甲液、乙液各半）来适应试样中还原糖浓度的变化。

3. 试样溶液预测：吸取碱性酒石酸铜甲液5.0mL和碱性酒石酸铜乙液5.0mL于150mL锥形瓶中，加水10mL，加入玻璃珠2～4粒，控制在2min内加热至沸，保持沸腾以先快后慢的速度，从滴定管中滴加试样溶液，待溶液颜色变浅时，以每2秒1滴的速度滴定，直至溶液蓝色刚好褪去为终点，记录样品溶液消耗体积。

注：当样液中还原糖浓度过高时，应适当稀释后再进行正式测定，使每次测定消耗试样溶液的体积控制在与标定碱性酒石酸铜溶液时所消耗的还原糖标准溶液的体积相近，约10mL，结果按式(3-4)计算；当浓度过低时，则采取直接加入10mL试样溶液。免去加水10mL，再用还原糖标准溶液滴定至终点，记录消耗的体积与标定时消耗的还原糖标准溶液体积之差相当于10mL样液中所含还原糖的量，结果按式(3-5)计算。

4. 试样溶液测定：吸取碱性酒石酸铜甲液5.0mL和碱性酒石酸铜乙液5.0mL，置于150mL锥形瓶中，加水10mL，加入玻璃珠2～4粒，从滴定管滴加比预测体积少1mL的试样溶液至锥形瓶中，控制在2min内加热至沸，保持沸腾继续以2s/滴的速度滴定，直至蓝色刚好褪去为终点，记录样液消耗体积，同时平行操作3份，得出平均消耗体积（V）。

试样中还原糖的含量按式(3-4)计算：

$$X = \frac{m_1}{mFV/250 \times 1000} \times 100 \tag{3-4}$$

式中　X——试样中还原糖的含量（以某种还原糖计），g/100g；
　　　m_1——碱性酒石酸铜溶液（甲液、乙液各5mL）相当于葡萄糖的质量，mg；
　　　m——试样质量，g；
　　　F——系数，对含淀粉的食品为0.8，其余为1；
　　　V——测定时平均消耗试样溶液体积，mL；
　　　250——定容体积，mL；
　　　1000——换算系数。

当浓度过低时，试样中还原糖的含量（以某种还原糖计）按式(3-5)计算：

$$X = \frac{m_2}{mF10/250 \times 1000} \times 100 \tag{3-5}$$

式中　X——试样中还原糖的含量（以葡萄糖计），g/100g；

m_2——标定时体积与加入样品后消耗的葡萄糖标准溶液体积之差相当于葡萄糖的质量，mg；

m——试样质量，g；

F——系数，对含淀粉的食品为0.8，其余为1；

10——样液体积，mL；

250——定容体积，mL；

1000——换算系数。

还原糖含量≥10g/100g 时，计算结果保留三位有效数字；还原糖含量＜10g/100g 时，计算结果保留两位有效数字。

5. 精密度：在重复条件下获得的两次独立测定结果的绝对差值不得超过算术平均值的 5%。

【结果与评价】

填写任务工单中的测定糖果中的还原糖含量数据记录表。按任务工单中的测定糖果中还原糖含量任务完成情况总结评价表对工作任务的完成情况进行总结评价。

【注意事项】

1. 所用试剂溶液应用蒸馏水配制。

2. 吸量管正确使用（使用前清洗干净，用待移取样品润洗后再进行吸取，吸取后用吸水纸擦干外壁，调整至刻度，放完溶液后静置 30s 后再取出），尽量减小因溶液吸取导致的实验误差。

3. 碱性酒石酸甲液、乙液与还原糖反应是定量关系，它们的多少直接影响测定结果，所以碱性酒石酸甲液、乙液必须精确吸取，保证每次取样量一致。

4. 取碱性酒石酸铜甲液的器具切记不要与碱性物质接触（同时也要注意防止带入碱性物质于甲液中），以避免甲液产生沉淀。

5. 盛碱性酒石酸铜甲液的容器时间长了，内壁上也会残留固体（硫酸铜），碱性酒石酸铜甲、乙液即使出现不是很明显的沉淀（或浓度变化）也会对测定造成影响，出现以上问题要及时更换盛碱性酒石酸铜甲、乙液的容器。

6. 在实验过程中碱度越高，反应速率则越快，样液消耗也越多，因此样品测定时样液的滴定体积要与标准溶液滴定体积相近。实验中预测实验的目的也是如此，通过预实验对样液加以调节，使其最终浓度应接近于葡萄糖标准液的浓度，减小测定误差，提高测定准确度。

7. 锥形瓶规格：不同体积的锥形瓶会使加热的面积及样液的厚度产生变化，同时瓶壁的厚度不同也会影响传热速率，因此在测定中尽量使用同一规格、同一批次的锥形瓶以减小测定误差。

8. 加热功率：加热的目的一是加快反应速率，二是防止亚甲蓝与滴定过程中形成的氧化亚铜被氧气氧化，造成结果偏高。加热功率不同，样液沸腾时间不同，同时反应液蒸发速度也不同，即碱度的变化也就不同，实验的平行性就会受到影响。实验过程中要使用可调式电炉，每次实验使用固定加热功率。

9. 滴定：

① 正确使用滴定管，防止因滴定管漏液、滴定管尖端气泡等对测定结果产生影响。

② 在实验过程中滴定速度要保持均衡一致，趁热以每 2 秒 1 滴的速度滴定为好（速度

不要受滴定时间的长短而改变)。滴定速率越快,样液消耗也越多,会导致结果偏低。

③ 滴定终点有时不显无色而显暗红色,是由于样液中亚铁氰化钾量不够,不能有效络合氧化亚铜成无色。故可在反应液中适量添加亚铁氰化钾,标准液与样液添加量一样。

项目检测

一、基础概念
糖类　还原糖　纤维素

二、填空题
1. 糖类可以根据其水解程度分为单糖、_____和_____三类。
2. 直接滴定法测定还原糖使用的定量测定试剂是_____和_____。
3. 用直接滴定法测定还原糖使用的澄清剂是_____和_____。
4. 直接滴定法测定还原糖含量,影响其测定结果的因素_____、_____、_____和_____。
5. _____测定是糖类的定量基础。

三、选择题
1. 以下哪个不是还原糖?(　　)。
   A. 果糖　　　　　B. 麦芽糖　　　　C. 乳糖　　　　D. 蔗糖
2. 哪个反应是还原糖的特征反应?(　　)。
   A. 彻底氧化分解生成 CO_2 和 H_2O　　　B. 发生酶促氧化反应
   C. 与非碱性弱氧化剂反应　　　　　　　D. 与碱性弱氧化剂反应
3. 还原糖测定的重点试剂是(　　)。
   A. 盐酸　　　　　　　　　　　　　B. 淀粉
   C. 碱性酒石酸铜溶液　　　　　　　D. 蔗糖
4. 以亚甲蓝作为指示剂测定食品中还原糖含量,达到反应终点时,溶液的颜色变化是(　　)。
   A. 溶液由蓝色到蓝色消失时　　　　B. 溶液由红色到蓝色
   C. 溶液由红色到黄色　　　　　　　D. 溶液由蓝色到砖红色沉淀

项目五 食品中脂肪的测定

> **知识目标**
>
> 1. 了解食品中脂肪的概念、分类及组成。
> 2. 了解食品中脂肪含量测定的意义。
> 3. 掌握食品中脂肪含量测定的方法。
>
> **技能目标**
>
> 1. 会解读食品中脂肪含量测定的食品安全国家标准。
> 2. 会搭建索氏脂肪抽提装置,并正确使用。
> 3. 能用索氏抽提法准确测定食品中的脂肪含量。

基本知识

一、食品中的脂类

脂肪,广义的脂肪包括中性脂肪和类脂质。狭义的脂肪仅指中性脂肪,是由1分子甘油和3分子脂肪酸生成的甘油三酯。脂肪是由C、H、O三种基本元素组成的,其中甘油的分子比较简单,而脂肪酸的种类和分子长短却不相同。脂肪酸分为三大类:饱和脂肪酸、单不饱和脂肪酸、多不饱和脂肪酸。类脂质是一些能溶于脂肪或脂肪溶剂的物质,在营养学上特别重要的有磷脂和固醇两类化合物。有时也将中性脂肪和类脂质统称为脂类或脂质。脂类一般不溶于水,常浮于水面上,经过胆汁酸的乳化作用可变成细小的微粒并与水混合成乳状混合液,但是易溶于有机溶剂。根据相似相溶原理("相似"是指溶质与溶剂在结构上相似;"相溶"是指溶质与溶剂彼此互溶),极性溶剂(如水)易溶解极性物质(离子晶体、分子晶体中的极性物质如强酸等);非极性溶剂(如苯、汽油、四氯化碳、乙醇等)易溶解非极性物质(大多数有机物、溴、碘等)。含有相同官能团的物质互溶,如水中含羟基(—OH)

能溶解含有羟基的醇、酚、羟酸。另外，极性分子易溶于极性溶剂中，非极性分子易溶于非极性溶剂中。

游离态脂肪：食品样品不用水解处理，直接用有机溶剂（如乙醚、石油醚等）浸溶提出，然后挥去有机溶剂所得的脂肪称为游离态脂肪。

结合态脂肪：食品中的结合态脂肪不能直接被有机溶剂浸提，必须进行水解转变为游离态脂肪后，才能被提取。将样品加入酸碱进行水解处理，使样品中的结合态脂肪游离出来，一并用有机溶剂提取，然后挥去溶剂，称出的脂肪重量，系包括游离态脂肪和结合态脂肪的总和，称为总脂肪。

食品中脂肪是有游离态形式存在的，如动物性脂肪及植物性油脂。食品中也有结合态的脂肪，如天然存在的磷脂、糖脂、脂蛋白及某些加工品中的脂肪，与蛋白质或碳水化合物形成结合态，像焙烤食品及麦乳精等食品。对大多数食品来说，游离态脂肪是主要的，结合态脂肪含量较少。

脂肪的生理作用是：提供和储存能量；构成机体组织——占人体体重10%～14%；保护器官，保温且具有软垫作用——隔热、缓冲机械冲击；促进脂溶性维生素的吸收和利用；调节生理功能。

二、食品中脂肪测定的意义

脂肪是食品中重要的营养成分之一，食品中脂肪含量多少，直接关系人体的健康。在食品生产加工过程中，原料、半成品、成品的脂类含量直接影响产品的外观、风味、口感、组织结构、品质等。例如，蔬菜本身的脂肪含量较低，在生产蔬菜罐头时，添加适量的脂肪可以改善产品的风味。对于面包之类的焙烤食品，脂肪含量特别是卵磷脂等成分含量对面包的柔软度、体积及结构都有一定的影响。因此，食品中的脂肪含量是食品质量管理中的一项重要指标。测定食品中脂肪含量，不仅可以用来改善人们的膳食组成，控制不同人群的食品脂肪含量，而且对评价食品的品质、衡量食品的营养价值、实现生产过程的质量管理、实行工艺监督等有着重要的意义。

三、食品中脂肪的测定依据及方法

食品种类纷繁复杂，脂肪存在形式多样，2016年，国家卫生和计划生育委员会发布了《食品安全国家标准 食品中脂肪的测定》（GB 5009.6—2016），该标准整合并替代了9个食品及相关产品中脂肪检测的国家标准，是国家强制实施的、统一的、普适性的脂肪检测标准。该标准为食品中脂肪含量测定通用国家标准，为食品生产企业内部质量控制、检验检测机构和监管机构依法检测判定提供了标准依据。

《食品安全国家标准 食品中脂肪的测定》（GB 5009.6—2016）规定了四种检测方法，四种方法其原理依据也不相同。其中索氏抽提法、酸水解法和碱水解法的基本过程，都是用有机溶剂提取脂肪，然后通过蒸发去除有机溶剂，干燥后测得脂肪含量。脂肪检测方法基本情况比较分析见表3-4。

表3-4 脂肪检测方法基本情况比较分析

方法名称	测定参数	适用范围	不适用情况	结果评价
索氏抽提法	游离态脂肪	一般食品：脂肪含量较高，含结合态脂肪较少，能烘干磨细，不易吸潮结块的样品	结合态脂肪	耗时长、结果易偏低

续表

方法名称	测定参数	适用范围	不适用情况	结果评价
酸水解法	游离态及结合态脂肪或总脂肪	某些食品,其所含脂肪包含于组织内部,如淀粉及焙烤制品(面条、面包之类),由于乙醚不能充分渗入样品颗粒内部,或脂类与蛋白质或碳水化合物形成结合脂,特别是容易吸潮、结块、难以烘干的食品	高磷脂或高糖食品,如鱼贝蛋等	固体样品预处理及索氏提取烦琐,易炭化或分解而结果偏低
碱水解法	游离态及结合态脂肪或总脂肪	巴氏杀菌乳、灭菌乳、生乳、发酵乳、调制乳、乳粉、炼乳、奶油、稀奶油、干酪和婴幼儿配方食。除上述乳制品外,还适用于豆乳或加水显乳状的食品	非乳状食品	国际通用乳及乳制品检测方法
盖勃法	游离态及结合态脂肪或总脂肪	巴氏杀菌乳、灭菌乳、生乳	高糖或高磷脂食品及非乳状食品	精确度低,易炭化或分解而结果偏低

1. 索氏抽提法

索氏抽提法是脂肪含量测定的经典方法。适用于水果、蔬菜及其制品、粮食及粮食制品、肉及肉制品、蛋及蛋制品、焙烤食品、糖果等食品中游离态脂肪含量的测定。本方法需要专门的索氏抽提器,如图3-4所示。

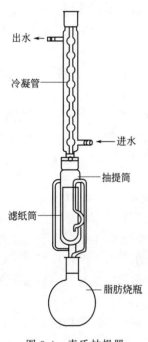

图3-4 索氏抽提器

(1) 原理 脂肪易溶于有机溶剂。将经预处理而分散且干燥的样品用无水乙醚或石油醚等溶剂回流抽提后,蒸发除去溶剂,干燥,得到游离态脂肪的含量。一般食品用有机溶剂浸提,挥干有机溶剂后得到的重量主要是游离脂肪,此外,还含有磷脂、色素、树脂、蜡状物、挥发油、糖脂等物质,所以用索氏抽提法测得的脂肪,也称作粗脂肪。

(2) 适用范围 此方法适用于脂类含量较高、结合态的脂类含量较少、能烘干磨细、不易吸湿结块的样品的测定。索氏抽提法测得的只是游离态脂肪,而结合态脂肪测不出来。此方法经典,对大多数样品的测定结果比较可靠,但费时长,溶剂用量大。

(3) 常用的脂肪提取剂 常用的有机溶剂有乙醚、石油醚。

① 乙醚:溶解脂肪的能力强,应用最多,国标中关于脂肪含量测定都用它来作提取剂。沸点低,易燃,在空气中最大允许浓度为400mg/L,超过这个极限易爆炸;能被2%的水饱和,含水的乙醚抽提萃取脂肪时会提取出糖分等非脂成分。乙醚一般储存在棕色瓶中,放置一段时间后,光照射就会产生过氧化物,过氧化物也容易爆炸。

② 石油醚:沸点比乙醚高,不太易燃,并且没有乙醚易燃,溶解脂肪的能力比乙醚弱些,但吸收水分比乙醚少,使用时允许样品含有微量水分,没有胶溶现象,不会夹带溶胶淀粉、蛋白质等物质。采用石油醚提取剂,测定值比较接近真实值。缺点是石油醚溶解脂肪的能力比乙醚弱些。

(4) 抽提 索氏抽提器由回流冷凝管、提取管、脂肪烧瓶组成,脂肪烧瓶安装在水浴锅内进行水浴加热,并连接冷凝水。脂肪烧瓶在使用前需烘干并称至恒重。将滤纸筒置于索氏提取器的抽提筒内，连接已干燥恒重的脂肪烧瓶，进行抽提。

（5）回收和恒重 提取完毕回收乙醚或石油醚，将水浴蒸干的脂肪瓶于100℃±5℃干燥至恒重。

2．酸水解法

酸水解法测定食品中脂肪的原理是：食品中的结合态脂肪必须用强酸使结合或包藏在组织里的脂肪游离出来，游离出的脂肪易溶于有机溶剂。试样经盐酸水解后用无水乙醚或石油醚提取，回收溶剂，干燥后称量，提取物的重量即为游离态和结合态脂肪的总含量。该方法适用于各类食品中总脂肪的测定，特别对于易吸潮、结块、难以干燥的食品应用本方法测定效果较好。该方法不适用于测定含磷脂高的食品，因为在盐酸加热时，磷脂几乎完全分解为脂肪酸和碱，使测定值偏低，还不适用于测定含糖高的食品，因糖类遇强酸易炭化而影响测定。

3．碱水解法

碱水解法被国际标准化组织等采用，是乳及乳制品脂类定量的国际标准法。其原理是：用无水乙醚或石油醚抽提样品的碱（氨水）水解液，通过蒸馏或蒸发去除溶剂，测定溶于溶剂中的抽提物的质量。乳类脂肪虽然也属于游离态脂肪，但因脂肪球被乳中酪蛋白钙盐包裹，又处于高度分散的胶体分散系中，故不能直接被乙醚、石油醚提取，需预先用氨水处理后再提取。该方法适用于乳及乳制品、婴幼儿配方食品中脂肪的测定。另外需要注意的是加氨水后，要充分混匀，否则会影响下一步醚对脂肪的提取。操作时加入乙醇的作用是沉淀蛋白质以防止乳化，并溶解醇溶性物质，使其留在水中，避免进入醚层，影响效果。加入石油醚的作用是降低乙醚极性，使乙醚与水不混溶，只抽提出脂肪，并可使分层清晰。

4．盖勃法

盖勃法操作简便、迅速，对大多数样品来说测定精度可满足要求，但不如重量法准确。其原理是：在乳中加入硫酸破坏乳胶质性和覆盖在脂肪球上的蛋白质外膜，离心分离脂肪后测量其体积。在乳中加硫酸，可破坏牛乳的胶质性，使脂肪更容易浮出液面。在操作中还需要加入异戊醇，降低脂肪球的表面张力，促进脂肪球的离析。但是异戊醇的溶解度很小，如果加的太多，异戊醇会进入脂肪中，使脂肪体积增大，而且会有一部分异戊醇和硫酸作用产生硫酸酯。该方法适用于乳及乳制品、婴幼儿配方食品中脂肪的测定。另外需要注意的是：硫酸浓度过大会使试样炭化成黑色溶液，而影响读数；浓度过小则不能使酪蛋白完全溶解，会使测定值偏低或使脂肪层浑浊。异戊醇应该能完全溶于酸中，由于质量不纯，可能有部分析出掺入油层，而使结果偏高。

任务九　熏煮香肠中脂肪含量的测定

【任务描述】

按《熏煮香肠》（SB/T 10279—2017）规定，熏煮香肠是以鲜（冻）畜禽产品、水产品为主要原料，经选料、绞碎、腌制、斩拌、充填，再经烘烤、蒸煮、烟熏（或不烟熏）、冷却等工艺制成的熟肉制品。其有具体要求的理化指标主要有蛋白质、淀粉、脂肪、水分，其中脂肪含量的要求为：脂肪≤35g/100g。

熏煮香肠是非常受消费者认可和欢迎的一种熟肉制品，脂肪是维持熏煮香肠质构、口味和口感的必要物质，一定量的脂肪能给熏煮香肠带来良好的风味和口感，还会影响其质构特性，增加多汁性，提升嫩度和保水性，以及影响微生物生长速度和产品保质期，所以脂肪是熏煮香肠加工中所必需的成分。此外，高脂肪饮食带来的肥胖以及对肝、肾、肠道、心脑血管等组织器官的负面影响也让消费者逐渐关注更为健康的低脂产品。为保障熏煮香肠产品的感官享受，迎合消费者需求，了解食品的质量与卫生状况，改善人们的膳食组成，控制不同人群的食品脂肪摄入量，以及实现动物性食品生产过程中的质量管理，均需对食品中脂肪的含量及变化情况进行测定。

某香肠公司现委托对其生产的一批熏煮香肠中的脂肪含量进行检测，请协助该企业完成检测工作，并填写检验原始记录。

【任务准备】

1. 参考标准

《食品安全国家标准 食品中脂肪的测定》（GB 5009.6—2016）。

2. 仪器和设备

索氏抽提器：冷凝管、抽提筒、脂肪烧瓶组成。

分析天平：感量为 0.001g 和 0.0001g。

干燥器：内装有效干燥剂，如硅胶。

恒温水浴锅、电热恒温干燥箱、脱脂滤纸、蒸发皿、带铁夹的铁架台。

3. 试剂和材料

无水乙醚（$C_4H_{10}O$）：分析纯。

石油醚（C_nH_{2n+2}）：分析纯，石油醚沸程为 30～60℃。

石英砂、脱脂棉、剪刀、脱脂棉线绳。

【任务实施】

1. 样品预处理

精确称取充分切碎、混匀后的熏煮香肠试样 2～5g，精确至 0.001g，必要时会拌以石英砂，全部移入滤纸筒内。

2. 抽提

装好索氏抽提装置，将滤纸筒放入索氏抽提器的抽提筒内，连接已干燥至恒重的脂肪烧瓶，由抽提筒上端加入无水乙醚至瓶内容积的 2/3 处，接上回流冷凝管，于恒温水浴中加热，使无水乙醚不断回流抽提（6～8 次/h），一般抽提 6～10h。提取结束时，用磨砂玻璃棒接取 1 滴提取液，磨砂玻璃棒上无油斑表明提取完毕。

3. 称量

取下脂肪烧瓶，回收无水乙醚或石油醚，待脂肪烧瓶内溶剂剩余 1～2mL 时在水浴上蒸干，再于 100℃±5℃ 干燥 1h，放干燥器内冷却 0.5h 后称重。重复以上操作直至恒重（直至两次称量的差不超过 2mg）。

4. 检测结果表述

试样中脂肪的含量按式(3-6)计算：

$$X = \frac{m_1 - m_0}{m_2} \times 100 \tag{3-6}$$

式中　X——试样中脂肪的含量，g/100g；

　　　m_1——恒重后脂肪烧瓶和脂肪的含量，g；

　　　m_0——脂肪烧瓶的质量，g；

　　　m_2——试样的质量，g；

　　　100——换算系数。

计算结果表示到小数点后一位。

5. 精密度

在重复条件下获得的两次独立测定结果的绝对差值不得超过算术平均值的10%。

【结果与评价】

填写任务工单中的测定熏煮香肠中脂肪含量的数据记录表。按任务工单中的测定熏煮香肠中的脂肪含量任务完成情况总结评价表对工作任务的完成情况进行总结评价。

【注意事项】

1. 乙醚（或石油醚）为易燃品，蒸馏时严禁用电炉或直接以火焰加热。烘干前用水浴或真空旋转蒸发掉乙醚或石油醚，防止放入烘箱时，有发生爆炸的危险。另外使用乙醚时应注意室内通风换气。仪器周围不要有明火，以防空气中有机溶剂蒸气着火或爆炸。

2. 使用的乙醚要求无水、无醇、无过氧化物，过氧化物的存在会使脂肪氧化而增量，且在烘干脂肪烧瓶时残留过氧化物易发生爆炸事故；水分及醇类的存在会因糖及无机盐等物质的提出而使脂肪增量。

3. 若样品份数多，可将索氏抽提器串联起来同时使用。脂肪烧瓶中有机溶剂不宜装得过满，以2/3体积为宜。

4. 提取过程中若有溶剂蒸发损耗太多，可适当从冷凝管上口小心加入（用漏斗）适量新溶剂补充，然后在冷凝管上口用少量脱脂棉塞上，防止有机溶剂挥发。

5. 反复加热会使脂类氧化而增重。重量增加时，以增重前的重量作为恒重。为避免脂肪氧化造成的误差，对富含脂肪的食品，应在真空干燥箱中干燥。

6. 抽提时水浴温度不可过高，以每小时回流6～8次为宜。

7. 此方法原则上应用于风干或经干燥处理的试样，样品中有水，抽提溶剂不易渗入细胞组织内部，结果不易将脂肪抽提干净。

8. 试样粗细度要适宜。试样粉末过粗，脂肪不易抽提干净；试样粉末过细，则有可能透过滤纸孔隙随回流溶剂流失，影响测定结果。

9. 包样品的滤纸筒一定要严密，不能往外漏样品，但也不要包得太紧，影响溶剂渗透。放入滤纸筒时高度不要超过回流弯管，否则超过弯管的样品中的脂肪不能提尽，造成误差。

10. 抽提是否完全，可凭经验，也可用滤纸或毛玻璃检查，由抽提筒下口滴下的乙醚滴在滤纸或毛玻璃上，挥发后不留下油迹表明已抽提完全。

11. 恒重（前后两次称量差不得超过2mg）。

项目检测

一、基础概念

脂肪　游离态脂肪　结合态脂肪

二、填空题

1. 食品中脂肪的测定过程中索氏抽提法常用_____、_____等有机溶剂作为提取剂。

2. 《食品安全国家标准 食品中脂肪的测定》，该标准的编号为_____。

3. 索氏抽提法适用于脂类含量_____，结合态的脂类含量_____的样品的测定。

4. 用索氏抽提法测定脂肪含量时，所用乙醚应不含过氧化物、水分及醇类。如果有水或醇存在，会使测定结果偏_____，这是因为_____；过氧化物的存在会促使脂肪_____而_____，且在烘干脂肪烧瓶时残留过氧化物易发生爆炸事故。

5. 乙醚、石油醚这两种溶剂只能提取样品中的游离态脂肪，对于结合态的脂类必须先用_____或_____破坏脂类和非脂类成分的结合后才能提取。

6. 索氏抽提法抽提脂肪时脂肪烧瓶烘干恒重的温度范围为_____。

7. 索氏抽提法测定脂肪时所用主要仪器设备有_____、_____、_____。

8. 装好索氏抽提装置，将滤纸筒放入索氏抽提器的抽提筒内，连接已干燥至恒重的脂肪烧瓶，由抽提筒上端加入无水乙醚，脂肪烧瓶中有机溶剂不宜装得过满，以_____体积为宜，接上回流冷凝器。

9. 乳及乳制品中脂肪的测定选择_____法和_____进行测定。

三、选择题

1. 实验室组装索氏抽提装置，应选用下面哪组玻璃仪器？（　　）
   A. 回流冷凝管、抽提筒、脂肪烧瓶　　B. 回流冷凝管、提取管、凯氏烧瓶
   C. 圆底烧瓶、冷凝管、定氮管　　　　D. 圆底烧瓶、冷凝管、凯氏烧瓶

2. 测定食品中游离态的脂肪时，选择哪种方法？（　　）
   A. 索氏抽提法　　B. 酸水解法　　C. 碱水解法　　D. 盖勃法

3. 索氏抽提法测定食品中的脂肪含量时，抽提的过程中采用（　　）方式加热。
   A. 电炉子　　B. 酒精灯　　C. 水浴　　D. 砂浴

4. 索氏抽提法测定脂肪计算结果（　　）。
   A. 保留两位有效数字　　　　B. 保留一位有效数字
   C. 保留到小数点后一位　　　D. 保留到小数点后两位

5. 索氏抽提法测定脂肪含量时，脂肪烧瓶恒重是指两次称量的差不超过（　　）。
   A. 2mg　　B. 1mg　　C. 3mg　　D. 4mg

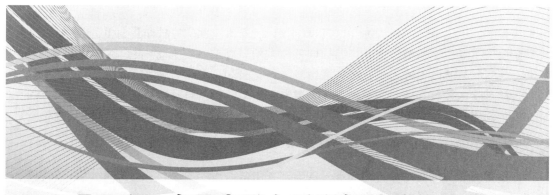

项目六 食品中蛋白质和氨基酸的测定

知识目标

1. 了解食品蛋白质和氨基酸的测定意义。
2. 理解蛋白质、氨基酸的概念及测定原理。
3. 掌握测定食品中蛋白质和氨基酸的方法。

技能目标

1. 会解读食品中蛋白质和氨基酸测定的国家标准。
2. 会使用和维护分光光度计、凯氏定氮装置等仪器设备。
3. 能准确测定食品的蛋白质和氨基酸。

基本知识

一、食品中蛋白质和氨基酸测定的意义

蛋白质是生命的物质基础,是构成生物体细胞的重要成分。蛋白质是食品中的重要营养物质,分析和测定食品中的蛋白质对于食品品质、生产加工过程、储藏保鲜等都具有重要的意义。食品种类不同,其蛋白质种类与含量亦不同,一般食品中蛋白质的含量为13.4%~19.1%。组成蛋白质的主要化学元素为C、H、O、N,氮是存在于蛋白质中的特征元素,可以通过测定食品中的氮含量来折算出食品中蛋白质的含量。一般来讲,蛋白质中氮的含量为16%,即1份氮相当于6.25份蛋白质,此数值(6.25)称为蛋白质换算系数。蛋白质是复杂的含氮有机物,不同种类食品的蛋白质组成成分不同,其换算系数也有所不同,如玉米、荞麦、青豆、鸡蛋等为6.25,花生为5.46,大米为5.95,大豆及其制品为5.71,小麦粉为5.70,牛乳及其制品为6.38。氨基酸含量丰富的食品含有更多的氮。食品中的氮,除

了有来源于蛋白质的蛋白氮外,还有非蛋白氮,如来自于游离氨基酸、小肽核酸、磷脂以及某些维生素、生物碱、尿酸、脲、氨基离子等。三聚氰胺就是一种非蛋白氮。

蛋白质主要由氨基酸构成,可以构成蛋白质的氨基酸主要有20种,其中亮氨酸、异亮氨酸、赖氨酸、苯丙氨酸、蛋氨酸、苏氨酸、色氨酸和缬氨酸8种氨基酸称为必需氨基酸。随着食品科学的发展和营养知识的普及,测定食品中的蛋白质及食物蛋白中必需氨基酸的组成与含量,提高蛋白质的生理效价而进行的食品研发、配膳,越来越受到社会的重视。

二、食品中蛋白质的测定依据及方法

测定蛋白质的方法可分为两大类:一类是利用蛋白质的共性,即含氮量、肽键和折射率来测定蛋白质;另一类是利用蛋白质中特定氨基酸残基、酸性和碱性基团以及芳香基团等来测定蛋白质。在具体检验工作中,选择哪种测定方法还必须考虑该方法的灵敏度、准确度、精确度、测定速率和成本等其他因素。

参照《食品安全国家标准 食品中蛋白质的测定》(GB 5009.5—2016),具体方法有:凯氏定氮法、分光光度法和燃烧法。前两者适用于各种食品中蛋白质的测定,后者用于蛋白质含量在10g/100g以上的粮食、豆类、奶粉、米粉、蛋白质粉等固体试样的筛选测定。但这三种方法都不适用于添加无机含氮物质及有机非蛋白质含氮物质食品的测定。

1. 凯氏定氮法

凯氏定氮法是目前蛋白质含量测定最常见的方法。其原理是:食品中的蛋白质在催化加热条件下被分解,产生的氨与硫酸结合生成硫酸铵;碱化蒸馏使氨游离,用硼酸吸收后以硫酸或盐酸标准滴定溶液滴定,根据酸的消耗量计算氮含量,再乘以换算系数,即为蛋白质的含量。

(1) 样品消化 其反应方程式如下:

$$2NH_2(CH_2)_2COOH + 13H_2SO_4 \longrightarrow (NH_4)_2SO_4 + 6CO_2 + 12SO_2 + 16H_2O$$

浓硫酸具有脱水性,又有氧化性,使有机物脱水后炭化,其中碳和氢被氧化为二氧化碳和水逸出,硫酸则被还原成二氧化硫:

$$2H_2SO_4 + C \longrightarrow 2SO_2 \uparrow + 2H_2O + CO_2 \uparrow$$

二氧化硫使氮还原为氨,本身则被氧化为三氧化硫,氨随之与硫酸作用生成硫酸铵留在酸性溶液中:

$$H_2SO_4 + 2NH_3 \rightleftharpoons (NH_4)_2SO_4$$

在消化反应中,为了加速蛋白质的分解,缩短消化时间,常加入下列物质:

① 硫酸钾(K_2SO_4)。加入硫酸钾可以提高溶液的沸点而加快有机物分解。纯硫酸的沸点为290℃,纯硫酸钾的沸点为1689℃,添加硫酸钾后,可使反应温度提高至400℃以上。随着消化过程中硫酸不断被分解,水分不断逸出,硫酸钾浓度不断增大,消化液沸点不断升高。但硫酸钾加入量不能太大,否则消化体系温度过高,又会引起已生成的铵盐发生热分解放出氨造成损失。

除硫酸钾外,也可以加入硫酸钠、氯化钾等盐类来提高沸点,但效果不如硫酸钾。

② 硫酸铜($CuSO_4$)。硫酸铜起催化剂的作用。在凯氏定氮法中可用的催化剂种类很多,除硫酸铜外,还有氧化汞、汞、硒粉、二氧化钛等,但考虑到效果、价格及环境污染等多种因素,应用最广泛的是硫酸铜。使用时常加入少量过氧化氢、次氯酸钾等作为氧化剂以加速有机物氧化。硫酸铜的作用原理如下:

$$C + 2CuSO_4 \longrightarrow Cu_2SO_4 + SO_2\uparrow + CO_2\uparrow$$
$$Cu_2SO_4 + 2H_2SO_4 \longrightarrow 2CuSO_4\uparrow + SO_2\uparrow + 2H_2O$$

此反应不断进行,待有机物全部被消化完后,不再有褐色沉淀物的硫酸亚铜(Cu_2SO_4)生成,溶液呈现清澈的Cu^{2+}的蓝绿色,故硫酸铜除起催化剂作用外,还可指示消化终点,还可以在下一步蒸馏时作为碱性反应的指示剂。

消化过程在通风橱进行,消化时瓶口放一小漏斗,防止酸液冲出;加热前期控制加热强度,防止大量泡沫生成;若有泡沫黏附于凯氏烧瓶壁,将有泡沫的地方旋转到底部,利用冷凝的酸液将泡沫洗到凯氏烧瓶底。消化过程也可用消化炉完成。

通风橱的使用　　　　凯氏定氮消化过程　　　　消化炉的使用

(2) 蒸馏　在消化完全的样品溶液中加入浓氢氧化钠溶液使氨游离出来,加热蒸馏,即可释放出氨气,反应方程式如下:

$$2NaOH + (NH_4)_2SO_4 \Longrightarrow Na_2SO_4 + 2NH_3\uparrow + 2H_2O$$

定氮蒸馏装置,如图3-5所示。

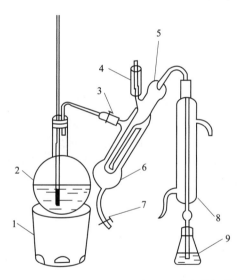

定氮蒸馏装置的组装

定氮蒸馏装置气密性检验

图3-5　定氮蒸馏装置

1—电炉;2—水蒸气发生器(2L烧瓶);3—螺旋夹;4—小玻璃杯及棒状玻塞;
5—反应室;6—反应室外层;7—橡胶管及螺旋夹;
8—冷凝管;9—蒸馏液接收瓶

碱性蒸馏过程　　凯氏定氮滴定过程

(3) 吸收与滴定　加热蒸馏所放出的氨,可用硼酸溶液吸收,生成强酸弱碱盐

$(NH_4)_2B_4O_7$，吸收完全后，再用盐酸（或硫酸）标准溶液滴定。反应方程式为

$$2NH_3 + 4H_3BO_3 \Longrightarrow (NH_4)_2B_4O_7 + 5H_2O$$

$$(NH_4)_2B_4O_7 + 5H_2O + 2HCl \Longrightarrow 2NH_4Cl + 4H_3BO_3$$

2. 分光光度法

分光光度法测定食品中蛋白质含量的原理是：食品中的蛋白质在催化加热条件下被分解，分解产生的氨与硫酸结合生成硫酸铵，在pH 4.8的乙酸钠-乙酸缓冲溶液中与乙酰丙酮和甲醛反应生成黄色的3,5-二乙酰-2,6-二甲基-1,4-二氢化吡啶化合物；在波长400nm下测定吸光度值，与标准系列比较定量，结果乘以换算系数，即为蛋白质含量。该方法的样品消解方法与凯氏定氮法一致，样品测定采用的是比色法，应用的主要仪器为分光光度计。

3. 燃烧法

燃烧法测定蛋白质含量的原理是：试样在900~1200℃高温下燃烧，燃烧过程中产生混合气体，其中二氧化碳、二氧化硫等干扰气体和盐类被吸收管吸收，氮氧化物被全部还原成氮气，形成的氮气气流通过热导检测器（TCD）进行检测。该方法应用的主要仪器设备为氮/蛋白质分析仪。

三、氨基酸的测定依据及方法

《食品安全国家标准 食品中氨基酸的测定》（GB 5009.124—2016）规定了用氨基酸分析仪（茚三酮柱后衍生离子交换色谱仪）测定食品中氨基酸的方法。该标准适用于食品中酸水解氨基酸的测定，包括天冬氨酸、苏氨酸、丝氨酸、谷氨酸、脯氨酸、甘氨酸、丙氨酸、缬氨酸、蛋氨酸、异亮氨酸、亮氨酸、酪氨酸、苯丙氨酸、组氨酸、赖氨酸和精氨酸共16种氨基酸。

参照《食品安全国家标准 食品中氨基酸态氮的测定》（GB 5009.235—2016），酱油、酱、黄豆酱中氨基酸态氮的测定方法具体有酸度计法和比色法。酸度计法适用于以粮食和其副产品豆饼、麸皮等为原料酿造或配制的酱油，以粮食为原料酿造的酱类，以黄豆、小麦粉为原料酿造的豆酱类食品中氨基酸态氮的测定；比色法适用于以粮食和其副产品豆饼、麸皮等为原料酿造或配制的酱油中氨基酸态氮的测定。

1. 氨基酸分析仪法

氨基酸分析仪法测定食品中氨基酸的原理是：食品中的蛋白质经盐酸水解成为游离氨基酸，经离子交换柱分离后，与茚三酮溶液产生颜色反应，再通过可见光分光光度检测器测定氨基酸含量。该方法应用的主要设备为氨基酸分析仪（茚三酮柱后衍生离子交换色谱仪）。

2. 酸度计法

酸度计法测定氨基酸含量是实际检测中常用的方法，其原理是：利用氨基酸的两性作用，加入甲醛以固定氨基的碱性，使羧基显示出酸性，用氢氧化钠标准溶液定量滴定后，以酸度计确定终点。该方法应用的主要仪器设备为酸度计。

（1）**酸度计校准** 因电极设计的不同而类型很多，其操作步骤各有不同，因而酸度计的操作应严格按照其使用说明书正确进行。在具体操作中，校准是酸度计使用操作中的重要步骤。

尽管酸度计种类很多，但其校准方法均采用两点校准法，即选择两种标准缓冲液：第一种是pH 7标准缓冲液，第二种是pH 9标准缓冲液或pH 4标准缓冲液。先用pH 7标准缓冲液对酸度计进行定位，再根据待测溶液的酸碱性选择第二种标准缓冲液。如果待测溶液呈

酸性，则选用 pH 4 标准缓冲液；如果待测溶液呈碱性，则选用 pH 9 标准缓冲液。若是手动调节的酸度计，应在两种标准缓冲液之间反复操作几次，直至不需再调节其零点和定位（斜率）旋钮，酸度计即可准确显示两种标准缓冲液 pH 值，则校准过程结束。此后，在测量过程中零点和定位旋钮就不应再动。若是智能式酸度计，则不需反复调节，因为其内部已储存几种 pH 值标准缓冲液可供选择，而且可以自动识别并自动校准。但要注意标准缓冲液的选择及其配制的准确性。

在校准前应特别注意待测溶液的温度，以便正确选择标准缓冲液，并调节酸度计面板上的温度补偿旋钮，使其与待测溶液的温度一致。不同的温度下，标准缓冲液的 pH 值是不一样的。

校准工作结束后，对使用频繁的酸度计一般在 48h 内仪器不需再次标定。如遇到下列情况之一，仪器则需要重新标定：
① 溶液温度与定位温度有较大的差异时；
② 电极在空气中暴露过久，如 0.5h 以上时；
③ 定位或斜率旋钮被误动；
④ 测量过酸（pH<2）或过碱（pH>12）的溶液后；
⑤ 换过电极后；
⑥ 当所测溶液的 pH 值不在两点标定时所选溶液的中间，且距 pH 7 又较远时；
⑦ 测量时应按说明书规定的时间周期对仪器进行校准。

注意：

标准缓冲溶液温度尽量与被测溶液温度接近。

定位标准缓冲溶液应尽量接近被测溶液的 pH 值。或两点标定时，应尽量使被测溶液的 pH 值在两个标准缓冲溶液的 pH 值区间内。

校准后，应将浸入标准缓冲溶液的电极用水充分冲洗，因为缓冲溶液的缓冲作用，带入被测溶液后，造成测量误差。

(2) 玻璃电极的清洗 玻璃电极球泡受污染可能使电极响应时间加长。可用 CCl_4 或皂液揩去污物，然后浸入蒸馏水一昼夜后继续使用。污染严重时，可用 5% HF 溶液浸 10~20min，立即用水冲洗干净，然后浸入 0.1mol/L 的 HCl 溶液一昼夜后继续使用。

3. 比色法

比色法测定食品中氨基酸含量的原理是：在 pH 为 4.8 的乙酸钠-乙酸缓冲液中，氨基酸态氮与乙酰丙酮和甲醛反应生成黄色的 3,5-二乙酸-2,6-二甲基-1,4 二氢化吡啶氨基酸衍生物；在波长 400nm 处测定吸光度，与标准系列比较定量。

任务十 乳粉中蛋白质含量的测定

【任务描述】

按《食品安全国家标准 乳粉》（GB 19644—2024）规定，乳粉是以生牛（羊）乳为原料，经加工制成的粉状产品，其有具体要求的理化指标主要有蛋白质、脂肪、复原乳酸度、杂质度、水分，其中蛋白质含量的要求为：蛋白质（%）≥非脂乳固体的 34%［非脂乳固体(%)=100%−脂肪(%)−水分(%)］。

乳粉是一种为身体补充营养的食品之一，对于婴幼儿，乳粉是重要的蛋白质来源。以乳粉为代表的乳制品行业是我国食品工业的重要组成部分,为服务"三农",改善民生发挥了重要的作用。随着"三聚氰胺"事件、"皮革水解蛋白"事件的出现,对我国乳及乳制品行业带来较大的影响,同时也对食品检测提出了更高的要求。

某乳饮料企业新采购一批原料,其中乳粉为新供货商提供,虽然有出厂检验报告,但该饮料企业想对该乳粉的蛋白质含量进行测定,将结果与供货商提供的检验报告进行对比,公司自己的检测中心在进行检测的同时也委托进行平行测定,请协助该公司完成相关检测工作,并填写检测报告。

【任务准备】

1. 参考标准

查阅《食品安全国家标准 食品中蛋白质的测定》(GB 5009.5—2016)。

2. 仪器设备

天平:感量为1mg。

定氮蒸馏装置:如图3-5所示。

3. 试剂配制

硼酸溶液(20g/L):称取20g硼酸,加水溶解后并稀释至1000mL。

氢氧化钠溶液(400g/L):称取40g氢氧化钠加水溶解后,放冷,并稀释至100mL。

硫酸标准滴定溶液$\left[c\left(\frac{1}{2}H_2SO_4\right)=0.0500mol/L\right]$或盐酸标准滴定溶液$[c(HCl)=0.0500mol/L]$。

甲基红乙醇溶液(1g/L):称取0.1g甲基红,溶于95%乙醇,用95%乙醇稀释至100mL。

亚甲蓝乙醇溶液(1g/L):称取0.1g亚甲蓝,溶于95%乙醇,用95%乙醇稀释至100mL。

溴甲酚绿乙醇溶液(1g/L):称取0.1g溴甲酚绿,溶于95%乙醇,用95%乙醇稀释至100mL。

A混合指示液:2份甲基红乙醇溶液与1份亚甲蓝乙醇溶液临用时混合。

B混合指示液:1份甲基红乙醇溶液与5份溴甲酚绿乙醇溶液临用时混合。

【任务实施】

1. 称取充分混匀的试样0.2~2g(相当于30~40mg氮),精确至0.001g,移入干燥的100mL凯氏烧瓶中,加入0.4g硫酸铜、6g硫酸钾及20mL硫酸,轻摇后于瓶口放一小漏斗,将瓶以45°角斜支于有小孔的石棉网上。小心加热,待内容物全部炭化,泡沫完全消失后,加强火力,并保持瓶内液体微沸,至液体呈蓝绿色并澄清透明后,再继续加热0.5~1h。取下放冷,小心加入20mL水,放冷后,移入100mL容量瓶中,并用少量水洗凯氏烧瓶,洗液并入容量瓶中,再加水至刻度,混匀备用。同时做试剂空白试验。

2. 装好定氮蒸馏装置,向水蒸气发生器内装水至2/3处,加入数粒玻璃珠,加甲基红乙醇溶液数滴及数毫升硫酸,以保持水呈酸性,加热煮沸水蒸气发生器内的水并保持沸腾。

3. 向接收瓶内加入10.0mL硼酸溶液及1~2滴混合指示剂,并使冷凝管的下端插入液面下,根据试样中氮含量,准确吸取2.0~10.0mL试样处理液由小玻杯注入反应室,以10mL水洗涤小玻杯并使之流入反应室内,随后塞紧棒状玻塞。将10.0mL氢氧化钠溶液倒入小玻杯，提起玻塞使其缓缓流入反应室，立即将玻塞盖紧，并水封。夹紧螺旋夹，开始蒸馏。

4. 蒸馏 10min 后移动蒸馏液接收瓶，液面离开冷凝管下端，再蒸馏 1min。然后用少量水冲洗冷凝管下端外部，取下蒸馏液接收瓶。尽快以硫酸或盐酸标准滴定溶液滴定至终点。同时做试剂空白试验。

试样中蛋白质的含量按式（3-7）计算：

$$X = \frac{(V_1 - V_2)c \times 0.0140}{mV_3/100} \times F \times 100 \tag{3-7}$$

式中　X——试样中蛋白质的含量，g/100g；

V_1——试液消耗硫酸或盐酸标准滴定液的体积，mL；

V_2——试剂空白消耗硫酸或盐酸标准滴定液的体积，mL；

c——硫酸或盐酸标准滴定溶液浓度，mol/L；

0.0140——1.0mL 硫酸 $\left[c\left(\frac{1}{2}H_2SO_4\right)=1.000\text{mol/L}\right]$ 或盐酸 $[c(HCl)=1.000\text{mol/L}]$ 标准滴定溶液相当的氮的质量，g；

m——试样的质量，g；

V_3——吸取消化液的体积，mL；

F——氮换算为蛋白质的系数，各种食品中氮转换系数见表 3-5；

100——换算系数。

蛋白质含量≥1g/100g 时，结果保留三位有效数字；蛋白质含量＜1g/100g 时，结果保留两位有效数字。

注：当只检测氮含量时，不需要乘蛋白质换算系数 F。

表 3-5　常见食物蛋白质换算系数表

食品类别		换算系数	食品类别		换算系数
小麦	全小麦粉	5.83	大米及米粉		5.95
	麦糠麸皮	6.31	鸡蛋	鸡蛋（全）	6.25
	麦胚芽	5.80		蛋黄	6.12
	麦胚粉、黑麦、普通小麦、面粉	5.70		蛋白	6.32
燕麦、大麦、黑麦粉		5.83	肉与肉制品		6.25
小米、裸麦		5.83	动物明胶		5.55
玉米、黑小麦、饲料小麦、高粱		6.25	纯乳与纯乳制品		6.38
油料	芝麻、棉籽、葵花籽、蓖麻、红花籽	5.30	复合配方食品		6.25
	其他油料	6.25	酪蛋白		6.40
	菜籽	5.53			
坚果、种子类	巴西果	5.46		胶原蛋白	5.79
	花生	5.46	豆类	大豆及其粗加工制品	5.71
	杏仁	5.18		大豆蛋白制品	6.25
	核桃、榛子、椰果等	5.30	其他食品		6.25

5. 精密度：在重复条件下获得的两次独立测定结果的绝对差值不得超过算术平均值的 10%。

【结果与评价】

填写任务工单中的测定乳粉中蛋白质含量数据记录表。按任务工单中的测定乳粉中的蛋白质含量任务完成情况总结评价表对工作任务的完成情况进行总结评价。

【注意事项】

1. 所用试剂溶液应用无氨蒸馏水配制。
2. 消化时不要用强火,应保持和缓沸腾,以免黏附在凯氏烧瓶内壁上的含氮化合物在无硫酸存在的情况下未消化完全而造成氮损失。
3. 消化过程中应注意时常转动凯氏烧瓶,以便利用冷凝酸液将附在瓶壁上的固体残渣洗下并促进其消化完全。
4. 样品中若含脂肪或糖类较多时,消化过程中易产生大量泡沫,为防止泡沫溢出瓶外,在开始消化时应用小火加热,并不停地摇动。或者加入少量辛醇、液体石蜡或硅油消泡剂,并同时注意控制热源强度。
5. 当样品消化液不易澄清透明时,可将凯氏烧瓶冷却,加入30%过氧化氢1~3mL后再继续加热消化。
6. 若取样量较大,如干试样超过5g,可按每克试样5mL的比例增加硫酸用量。
7. 一般消化至透明后,继续消化30min即可,但对于含有特别难以氨化的含氮化合物的样品,如含赖氨酸、组氨酸、色氨酸、酪氨酸或脯氨酸等时,需适当延长消化时间。有机物如分解完全,消化液呈蓝色或浅绿色,若含铁量多时,呈较深绿色。
8. 蒸馏装置不能漏气。
9. 蒸馏前若加碱量不足,消化液呈蓝色,而不生成氢氧化铜沉淀,此时需增加氢氧化钠用量。
10. 硼酸吸收液的温度不应超过40℃,否则对氨的吸收作用减弱而造成损失,此时可置于冷水浴中使用。
11. 蒸馏完毕后,应先将冷凝管下端提离液面清洗管口,再蒸1min后关掉热源,否则可能造成吸收液倒吸。
12. 混合指示剂在碱性溶液中呈绿色,在中性溶液中呈灰色,在酸性溶液中呈红色。

项目检测

一、基础概念

粗蛋白　消化　凯氏定氮法

二、填空题

1. 构成蛋白质的基本物质是_____;所有的蛋白质都含_____;测定蛋白质的含量主要是测定其中的_____。蛋白质的测定方法有_____、_____、_____。
2. 凯氏定氮法消化过程中 H_2SO_4 的作用是_____; $CuSO_4$ 的作用是_____;加入 K_2SO_4 的目的是_____。
3. 凯氏定氮法的主要操作步骤分为_____;在消化步骤中,需加入少量辛醇并注意控制热源强度,目的是_____;在蒸馏步骤中,清洗仪器后从进样口先加入_____,然后将吸收液置于冷凝管下端并要求_____,再从进样口加入20% NaOH 至反应室内的溶液有黑色沉淀生成或变成深蓝色,然后通水蒸气进行蒸馏;蒸馏完毕,首先应_____,再停火。

4. 用甲基红-溴甲酚绿混合指示剂，其在碱性溶液中呈_____色，在中性溶液中呈_____色，在酸性溶液中呈_____色。

5. 凯氏定氮法测定蛋白质，在消化过程中，常用的消化剂是_____。

6. 消化时还可加入_____，_____助氧化剂。

7. 消化完毕时，溶液应呈_____颜色。

8. 凯氏定氮法加碱进行蒸馏时，加入 NaOH 后溶液呈_____色。凯氏定氮法用盐酸标准溶液滴定吸收液，溶液由_____变为_____色。

9. 凯氏定氮法碱化蒸馏后，用_____作吸收液。

三、选择题

1. 实验室组装蒸馏装置，应选用下面哪组玻璃仪器？（　　）
A. 锥形瓶、橡皮塞、冷凝管　　　　B. 圆底烧瓶、冷凝管、定氮管
C. 锥形瓶、冷凝管、定氮管　　　　D. 圆底烧瓶、定氮管、凯氏烧瓶

2. 蛋白质测定中，下列做法正确的是（　　）。
A. 消化时硫酸钾用量要大　　　　　B. 蒸馏时 NaOH 要过量
C. 滴定时速度要快　　　　　　　　D. 消化时间要长

3. 凯氏定氮法中蛋白质样品消化，加（　　）使有机物分解。
A. 盐酸　　　B. 硝酸　　　C. 硫酸　　　D. 混合酸

4. 蛋白质测定时消化用硫酸铜的作用是（　　）。
A. 氧化剂　　B. 还原剂　　C. 催化剂　　D. 提高液温

5. 凯氏定氮法测定蛋白质含量时，酸吸收液的温度不应超过（　　）。
A. 15℃　　　B. 30℃　　　C. 40℃　　　D. 50℃

任务十一　酱油中氨基酸态氮含量的测定

【任务描述】

酱油是指以大豆和（或）脱脂大豆（豆粕或豆饼）、小麦和（或）麸皮为原料，经微生物发酵制成的具有特殊色、香、味的液体调味品。其主要理化指标就是氨基酸态氮含量。

氨基酸态氮含量是指以氨基酸形式存在的氮元素的含量。氨基酸态氮含量是判定发酵产品发酵程度的特性指标。氨基酸态氮含量对于酱油来说是一项重要质量指标。按《食品安全国家标准　酱油》（GB 2717—2018）规定酱油中氨基酸态氮含量应≥0.4g/100mL。按《酿造酱油》（GB/T 18186—2000）规定，高盐稀态发酵酱油（含固稀发酵酱油）按氨基酸态氮含量可分为特级、一级、二级、三级四个等级，其氨基酸态氮含量分别为≥0.8、≥0.7、≥0.55、≥0.4g/100mL；低盐固态发酵酱油按氨基酸态氮含量同样也分为特级、一级、二级、三级四个等级，其氨基酸态氮含量分别为≥0.8、≥0.7、≥0.60、≥0.4g/100mL。氨基酸态氮指标越高，说明酱油中的氨基酸含量越高，鲜味越好。

2021 年 9 月，《消费者报道》对 2018 年 5 月到 2021 年 5 月约 3 年间全国各级市场监管部门的酱油抽检结果进行了统计分析。结果显示，共计有 158 批次酱油被发现不合格，不合格指标共计 5 个，包括氨基酸态氮、菌落总数、防腐剂、铵盐和甜味剂。其中，氨基酸态氮和菌落总数超标是酱油不合格的主要原因，它们占不合格指标总数的比例分别达到 55.4% 和 28.2%。

针对上述问题，某酱油生产厂家特委托对其生产的某类型酱油中氨基酸态氮进行检测，用于跟企业实验室检测结果进行对比分析。请协助该公司完成某一批号下指定类型酱油中氨基酸态氮的检测工作，并填写检验报告。

【任务准备】

1. 参考标准

《食品安全国家标准 食品中氨基酸态氮的测定》（GB 5009.235—2016）。

2. 仪器设备

酸度计（附磁力搅拌器）。

微量碱式滴定管。

分析天平：感量为 0.1mg。

3. 试剂

酚酞指示液：称取酚酞 1g，溶于 95% 的乙醇中，用 95%乙醇稀释至 100mL。

氢氧化钠标准滴定溶液[$c(NaOH)=0.05mol/L$]：称取 110g 氢氧化钠于 250mL 的烧杯中，加 100mL 的水，振摇使之溶解成饱和溶液，冷却后置于聚乙烯的塑料瓶中，密塞，放置数日，澄清后备用。取上层清液 2.7mL，加适量新煮沸过的冷蒸馏水至 1000mL，摇匀。

【任务实施】

1. 样品测定

吸取 5.0mL 试样于 50mL 的烧杯中，用水分数次洗入 100mL 容量瓶中，加水至刻度，混匀后吸取 20.0mL 置于 200mL 烧杯中，加 60mL 水，开动磁力搅拌器，用氢氧化钠标准滴定溶液[$c(NaOH)=0.050mol/L$]滴定至酸度计指示 pH 为 8.2，记下消耗氢氧化钠标准滴定溶液的体积，可计算总酸含量。加入 10.0mL 甲醛溶液，混匀。再用氢氧化钠标准滴定溶液继续滴定至 pH 为 9.2，记下消耗氢氧化钠标准滴定溶液的体积。

2. 空白测定

取 80mL 水，先用氢氧化钠标准溶液[$c(NaOH)=0.050mol/L$]调节至 pH 为 8.2，再加入 10.0mL 甲醛溶液，用氢氧化钠标准滴定溶液滴定至 pH 为 9.2，记下空白试验消耗氢氧化钠标准滴定溶液的体积。

3. 分析结果的表述

试样中氨基酸态氮的含量按式(3-8) 进行计算：

$$X=\frac{(V_1-V_2)c\times 0.014}{VV_3/V_4}\times 100 \tag{3-8}$$

式中　X——试样中氨基酸态氮的含量，g/100mL；

V_1——测定用试样稀释液加入甲醛后消耗氢氧化钠标准滴定溶液的体积，mL；

V_2——试剂空白试验加入甲醛后消耗氢氧化钠标准滴定溶液的体积，mL；

c——氢氧化钠标准滴定溶液的浓度，mol/L；

0.014——与 1.00mL 氢氧化钠标准滴定溶液[$c(NaOH)=1.000mol/L$]相当的氮的质量，g；

V——吸取试样的体积，mL；

V_3——试样稀释液的取用量，mL；
V_4——试样稀释液的定容体积，mL；
100——单位换算系数。

计算结果保留两位有效数字。

4．精密度

在重复条件下获得的两次独立测定结果的绝对差值不得超过算术平均值的10%。

【结果与评价】

填写任务工单中的测定酱油中氨基酸态氮含量数据记录表。按任务工单中的测定酱油中氨基酸态氮含量任务完成情况总结评价表对工作任务的完成情况进行总结评价。

【注意事项】

1．酸度计校准

因电极设计的不同而类型很多，其操作步骤各有不同，因而酸度计的操作应严格按照其使用说明书正确进行。在具体操作中，校准是酸度计使用操作中的重要步骤。

尽管酸度计种类很多，但其校准方法均采用两点校准法，即选择两种标准缓冲液：第一种是pH 7标准缓冲液，第二种是pH 9标准缓冲液或pH 4标准缓冲液。先用pH 7标准缓冲液对酸度计进行定位，再根据待测溶液的酸碱性选择第二种标准缓冲液。如果待测溶液呈酸性，则选用pH 4标准缓冲液；如果待测溶液呈碱性，则选用pH 9标准缓冲液。若是手动调节的酸度计，应在两种标准缓冲液之间反复操作几次，直至不需再调节其零点和定位（斜率）旋钮，酸度计即可准确显示两种标准缓冲液pH值。则校准过程结束。此后，在测量过程中零点和定位旋钮就不应再动。若是智能式酸度计，则不需反复调节，因为其内部已贮存几种标准缓冲液的pH值可供选择，而且可以自动识别并自动校准。但要注意标准缓冲液选择及其配制的准确性。

其次，在校准前应特别注意待测溶液的温度。以便正确选择标准缓冲液，并调节酸度计面板上的温度补偿旋钮，使其与待测溶液的温度一致。不同的温度下，标准缓冲溶液的pH值是不一样的。因此，酸度计校准时应做到：

① 标准缓冲溶液温度尽量与被测溶液温度接近。

② 定位标准缓冲溶液应尽量接近被测溶液的pH值。或两点校准时，应尽量使被测溶液的pH值在两个标准缓冲溶液的区间内。

③ 定位后，应将浸入标准缓冲溶液的电极用水充分冲洗，因为缓冲溶液的缓冲作用，带入被测溶液后，造成测量误差。

校准工作结束后，对使用频繁的酸度计一般在48小时内仪器不需再次定标。如遇到下列情况之一，仪器则需要重新标定：

① 溶液温度与定位温度有较大的差异时；

② 电极在空气中暴露过久，如半小时以上时；

③ 定位或斜率调节器被误动；

④ 测量过酸（pH<2）或过碱（pH>12）的溶液后；

⑤ 换过电极后；

⑥ 当所测溶液的pH值不在两点定位时所选溶液的中间，且距pH 7又较远时；

⑦ 测量时应按说明书规定的时间周期对仪器进行校准。

2. 玻璃电极的清洗

玻璃电极球泡受污染可能使电极响应时间加长。可用 CCl_4 或皂液揩去污物，然后浸入蒸馏水一昼夜后继续使用。污染严重时，可用 5%HF 溶液浸 10~20min，立即用水冲洗干净，然后浸入 0.1mol/L 的 HCl 溶液一昼夜后继续使用。

项目检测

一、基础概念
氨基酸　氨基酸态氮

二、填空题
1. 酸度计法测定食品中氨基酸态氮时，酸度计使用前应先_____，一般采用两点法。
2. 酸度计校准时，标准缓冲溶液温度应尽量与被测溶液温度_____。
3. 酸度计校准后，应将浸入标准缓冲溶液的电极用____充分冲洗，否则会造成测量误差。
4. 校准工作结束后，对使用频繁的酸度计一般在_____h 内仪器不需再次定位。
5. 酸度计法测定食品中氨基酸态氮含量时，是否需要考虑样品颜色？_____

三、选择题
1. 用酸度计法测定氨基酸含量时，加入甲醛的目的是（　　）。
   A. 固定氨基　　　B. 固定羟基　　　C. 固定氨基和羟基　　　D. 以上都不是
2. 下列氨基酸测定操作错误的是（　　）。
   A. 用 pH 6.86 和 pH 9.18 的标准缓冲溶液定位酸度计
   B. 用 NaOH 溶液准确地中和样品中的游离酸
   C. 应加入 10mL 甲醛溶液
   D. 用 NaOH 标准溶液滴至 pH 9.20
3. 遇到（　　）的情况时，酸度计需要重新校准。
   A. 溶液温度与定位温度有较大的差异
   B. 测量过酸（pH＜2）或过碱（pH＞12）的溶液
   C. 所测溶液的 pH 值不在两点标定时所选溶液的中间，且距 pH 7 又较远
   D. 以上都是

项目七 食品中维生素的测定

◉ 知识目标

1. 了解食品中维生素测定的意义。
2. 理解维生素的种类及测定原理。
3. 掌握食品中维生素的测定方法。

◉ 技能目标

1. 会解读维生素测定的国家标准。
2. 会使用和维护维生素测定的相关仪器设备。
3. 能准确测定食品中维生素的含量。

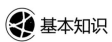 基本知识

一、食品中维生素测定的意义

维生素是人和动物维持正常的生理功能所必需的一类微量小分子有机化合物。维生素在机体内不能合成或合成量很少，不参与机体内各种组织器官的组成，也不能为机体提供能量，主要以辅酶形式参与细胞的物质代谢和能量代谢过程。缺乏时会引起机体代谢紊乱，导致特定的缺乏症或综合征，如缺乏维生素 A 时易患夜盲症，这充分说明其对人和动物健康的重要性。

维生素除具有重要的生理作用外，有些维生素还可作为自由基的清除剂、风味物质的前体、还原剂以及参与褐变反应，从而影响食品的某些属性。

人体所需的维生素大多数在体内不能合成，或虽然能合成但其合成的速度很慢，不能满足人体需要，此外维生素本身也在不断地代谢，所以必须由食物供给。然而，食物中的维生

素含量较低，许多维生素稳定性差，在食品加工、贮藏过程中常有较大损失。因此，要尽可能有效地保存食品中的维生素，避免其损失或与食品中的其他组分发生反应。

人们根据维生素在脂类溶剂或水中溶解性的特征将其分为两大类，脂溶性维生素和水溶性维生素。前者包括维生素A、维生素D、维生素E、维生素K，后者包括B族维生素和维生素C。

维生素对光、热、氧、pH敏感，食品中维生素的种类及含量不仅取决于食品的品种，也受到加工工艺及储存条件的影响。测定食品中维生素的含量，对指导、评价食品的营养价值，开发利用富含维生素的食品资源，制定合理的生产工艺及储存方法，监督维生素强化食品的强化剂量，防止因摄入过多而引起维生素中毒等方面，都具有十分重要的意义。维生素的检验方法有化学法、仪器法和微生物法。化学滴定法及荧光光度法、分光光度法、色谱法等仪器分析法最为常用。

二、食品中脂溶性维生素的测定方法

参照《食品安全国家标准 食品中维生素A、维生素D、维生素E的测定》（GB 5009.82—2016）、《食品安全国家标准 食品中维生素K_1的测定》（GB 5009.158—2016）对脂溶性维生素进行测定。具体方法有：反相高效液相色谱法、液相色谱-串联质谱法、高效液相色谱-荧光检测法等。其中反相高效液相色谱法适用于食品中维生素A和维生素E的测定；液相色谱-串联质谱法适用于食品中维生素D的测定；高效液相色谱-荧光检测法适用于食品中维生素K_1的测定。

三、食品中水溶性维生素的测定方法

参照《食品安全国家标准 食品中抗坏血酸的测定》（GB 5009.86—2016）、《食品安全国家标准 食品中维生素B_1的测定》（GB 5009.84—2016）、《食品安全国家标准 食品中维生素B_2的测定》（GB 5009.85—2016）、《食品安全国家标准 食品中维生素B_6的测定》（GB 5009.154—2023）对水溶性维生素进行测定。

具体方法有：

抗坏血酸测定方法有高效液相色谱法、荧光法、2,6-二氯靛酚滴定法。

维生素B_1测定方法有高效液相色谱法、荧光光度法。

维生素B_2测定方法有高效液相色谱法、荧光分光光度法。

维生素B_6测定方法有高效液相色谱法、微生物法。

其中作为普通理化分析方法的2,6-二氯靛酚滴定法适用于水果、蔬菜及其制品中L（+）-抗坏血酸的测定。其原理为：用蓝色的碱性染料2,6-二氯靛酚标准溶液对含L（+）-抗坏血酸的试样酸性浸出液进行氧化还原滴定，2,6-二氯靛酚被还原为无色，当到达滴定终点时，多余的2,6-二氯靛酚在酸性介质中显浅红色，由2,6-二氯靛酚的消耗量计算样品中L（+）-抗坏血酸的含量。

任务十二　橙子中L-抗坏血酸含量的测定

【任务描述】

果蔬汁饮料是以果汁（浆）、浓缩果汁（浆）或蔬菜汁（浆）、浓缩蔬菜汁（浆）、水为原料，添加或不添加其他食品原辅料和（或）食品添加剂，经加工制成的制品。

自我国加入世界贸易组织后，饮料行业也全面融入国际大市场，在不断与国际接轨，及时对接国际饮料工业的新工艺、新法典、新法规、新标准及新要求后，国内果蔬汁饮料快速发展，市场不断扩大。

最近市面上出现了一款主打高维生素 C 含量的橙汁饮料，其主要原料为特定品种的橙子，检测兴趣小组想通过测定原料中的维生素 C 含量来推算该橙汁饮料是否有外加维生素 C 的情况，特意买了该种橙子进行检测，现委托对该种橙子中的 L-抗坏血酸含量进行同步检测，进行对比。请完成该品种橙子中 L-抗坏血酸含量的检测工作，并填写检验报告。

【任务准备】

1. 参考标准

《食品安全国家标准 食品中抗坏血酸的测定》(GB 5009.86—2016)。

2. 仪器设备

碱式滴定管、锥形瓶。

3. 试剂配制

偏磷酸溶液（20g/L）：称取 20g 偏磷酸，用水溶解并定容至 1L。

草酸溶液（20g/L）：称取 20g 草酸，用水溶解并定容至 1L。

2,6-二氯靛酚（2,6-二氯靛酚钠盐）溶液：称取碳酸氢钠 52mg 溶解于 200mL 热蒸馏水中，然后称取 2,6-二氯靛酚 50mg 溶解于上述碳酸氢钠溶液中。冷却并用水定容至 250mL，过滤至棕色瓶内，于 4～8℃ 环境中保存。每次使用前，用 L(+)-抗坏血酸标准溶液标定其滴定度。

标定方法：准确吸取 1mL L(+)-抗坏血酸标准溶液于 50mL 锥形瓶中，加入 10mL 偏磷酸溶液或草酸溶液，摇匀，用 2,6-二氯靛酚溶液滴定至粉红色，保持 15s 不褪色为止。同时另取 10mL 偏磷酸溶液或草酸溶液做空白试验。2,6-二氯靛酚溶液的滴定度按式(3-9)计算：

$$T = \frac{cV}{V_1 - V_0} \tag{3-9}$$

式中 T——2,6-二氯靛酚溶液的滴定度，即每毫升 2,6-二氯靛酚溶液相当于 L(+)-抗坏血酸的质量，mg/mL；

c——L(+)-抗坏血酸标准溶液的质量浓度，mg/mL；

V——吸取 L(+)-抗坏血酸标准溶液的体积，mL；

V_1——滴定 L(+)-抗坏血酸标准溶液所消耗 2,6-二氯靛酚溶液的体积，mL；

V_0——滴定空白所消耗 2,6-二氯靛酚溶液的体积，mL。

L(+)-抗坏血酸标准溶液（1.000mg/mL）：称取 100mg（精确至 0.1mg）L(+)-抗坏血酸标准品，溶于偏磷酸溶液或草酸溶液并定容至 100mL。该储备液在 2～8℃ 避光条件下可保存一周。

【任务实施】

1. 试样制备

称取具有代表性样品的可食部分 100g，放入粉碎机中，加入 100g 偏磷酸溶液或草酸溶液，迅速捣成匀浆。

2. 样品处理

准确称取 10～40g 匀浆样品（精确至 0.01g）于烧杯中，用偏磷酸溶液或草酸溶液将样品转移至 100mL 容量瓶，并稀释至刻度，摇匀后过滤。若滤液有颜色，可按每克样品加

0.4g 白陶土脱色后再过滤。

3. 滴定

准确吸取 10mL 滤液于 50mL 锥形瓶中，用标定过的 2,6-二氯靛酚溶液滴定，直至溶液呈粉红色且 15s 不褪色为止。同时做空白试验。

4. 分析结果的表述

试样中 L(＋)-抗坏血酸含量按式(3-10) 计算：

$$X = \frac{(V-V_0)TA}{m} \times 100 \qquad (3\text{-}10)$$

式中　X ——试样中 L(＋)-抗坏血酸含量，mg/100g；
　　　V ——滴定试样所消耗 2,6-二氯靛酚溶液的体积，mL；
　　　V_0 ——滴定空白所消耗 2,6-二氯靛酚溶液的体积，mL；
　　　T ——2,6-二氯靛酚溶液的滴定度，即每毫升 2,6-二氯靛酚溶液相当于 L(＋)-抗坏血酸的质量，mg/mL；
　　　A ——稀释倍数；
　　　m ——试样质量，g。

计算结果以重复性条件下获得的两次独立测定结果的算术平均值表示，结果保留三位有效数字。

5. 精密度

在重复性条件下获得的两次独立测定结果的绝对差值，在 L(＋)-抗坏血酸含量大于 20mg/100g 时不得超过算术平均值的 2％。在 L(＋)-抗坏血酸含量小于或等于 20mg/100g 时不得超过算术平均值的 5％。

【结果与评价】

填写任务工单中的测定橙子中的 L-抗坏血酸含量数据记录表。按任务工单中的测定橙子中的 L-抗坏血酸含量任务完成情况总结评价表对工作任务的完成情况进行总结评价。

【注意事项】

1. 试剂 2,6-二氯靛酚溶液应在 4~8℃ 环境中保存。每次使用前，用 L(＋)-抗坏血酸标准溶液标定其滴定度。
2. 样品处理时称取的应为可食部分，处理后若滤液有颜色，可按每克样品加 0.4g 白陶土脱色后再过滤。
3. 滴定终点为溶液呈粉红色且 15s 不褪色。同时做空白试验。
4. 整个检测过程应在避光条件下进行。

项目检测

一、名词解释

维生素　脂溶性维生素　水溶性维生素　视黄醇　钙化醇　生育酚

二、填空题

1. 按照溶解性的不同，可将维生素分为_____和_____两类，维生素 A、维生素 D、维生素 E、维生素 K 属于_____维生素，B 族维生素和维生素 C 属于_____

维生素。

2. 人体缺乏维生素 C 时可引起_____病，缺乏维生素 B_1 时可引起_____病，而缺_____时可引起佝偻病。

3. 测定维生素 A 的方法主要有_____、_____和_____等。

4. 测定蔬菜中维生素 C 含量时，加入草酸溶液的作用是_____。

5. 维生素是人和动物维持正常的生理功能所必需的一类_____有机化合物。

三、选择题（答案为一个或多个）

1. 2,6-二氯靛酚滴定法测定的是（   ）抗坏血酸。
   A. 总　　　　　　B. 还原型　　　　　　C. 生理活性　　　　　　D. 氧化型

2. 测定维生素 C 含量的方法有（   ）。
   A. 2,6-二氯靛酚滴定法　　　　　　B. 2,4-二硝基苯肼比色法
   C. 荧光法　　　　　　D. HPLC

3. 以下哪种方法适用于测定微量维生素 B_1 含量？（   ）
   A. 分光光度法　　　　　　B. 高效液相色谱法
   C. 荧光法　　　　　　D. 以上均不适用

4. 若要检测食品中的胡萝卜素，样品必须在（   ）条件下保存。
   A. 低温　　　　　　B. 恒温　　　　　　C. 避光　　　　　　D. 高温

模块四
食品添加剂的检测

 模块介绍

　　食品添加剂是为改善食品品质和色、香、味以及为满足防腐、保鲜和加工工艺的需要而加入食品中的人工合成或者天然物质。食品添加剂的检测一般为食品配料的检验，主要是指常见的防腐剂、抗氧化剂、发色剂和甜味剂的检测。目前，食品添加剂存在一些滥用问题，或者来源不明现象，因此，严厉打击食品中添加剂的违法添加行为，规范食品添加剂的生产和使用，迫在眉睫。

　　本模块要求学生依据食品安全国家标准，利用现有工作条件，完成给定食品中的防腐剂、抗氧化剂、发色剂和甜味剂的检测任务，并在完成各个任务的过程中，掌握食品中添加剂检验的相关知识，强化自身检测技能，提高检验岗位职业素质。

 思政小课堂

问题粉条事件

【事件】

　　2006年，享誉全国的龙口粉丝因甲醛次硫酸氢钠添加被强制退市。

　　甲醛次硫酸氢钠，俗称吊白块，又称雕白粉，以福尔马林结合亚硫酸氢钠再还原制得，是一种工业用途的漂白剂，常被印染工业用作拔染剂和还原剂，生产靛蓝染料、还原染料等。但不得用作食品添加剂，严禁入口。国家严禁其作为食品添加剂，因为它对人体有严重的毒副作用。而不良企业之所以将吊白块添加到粉丝中，是因为能改善粉条的外观和口感。粉丝下锅后韧性好、爽滑可口、不易煮烂。但是吊白块加热后会分解出甲醛，这种剧毒的致癌物质会导致食用者呕吐、胃痛和呼吸困难，而且损害人体的肾脏、肝脏以及中枢神经。

　　2015年，山东济南查处了化学粉条。这些毒粉条完全没有粮食原料，全部用六偏磷酸钠、海藻酸钠、工业明胶三种成分配制，最后通过拉丝定型，再添加工业甲醛后制作而成。

【启示】

　　1. 普法意识。在"吊白块"相关案件的调查中发现，很多从业者并不清楚"吊白块"的危害，有些只是听别人说添加某些东西可以改善食品品质就去购买添加，除了非食品添加剂的非法添加外，食品添加剂的添加也存在类似问题，部分食品添加剂的销售者对于食品添加剂的使用范围和使用量并不十分了解，食品添加剂的使用者也只是道听途说就随意添加。这也说明食品行业从业人员法律意识的普及任重而道远，而作为未来食品行业的从业人员，要勇于奉献，在做好本职工作的前提下向大家积极普及食品安全相关知识。

　　2. 行业责任感。问题粉条事件使得很多人谈食品添加剂就色变，但案件中的"吊白块"为工业原料，根本不是食品添加剂，属于非食品原料非法添加入食品中。食品添加剂只要按照标准正确添加不仅无害，而且对于食品工业来说是有益的。作为未来食品行业从业人员，要心怀行业责任感，引导大众正确认识食品添加剂、食品工业和食品安全。

项目一 食品中防腐剂含量的测定

知识目标

1. 了解食品防腐剂含量测定的意义。
2. 理解食品防腐剂的概念及测定原理。
3. 掌握测定食品中防腐剂含量的方法。

技能目标

1. 会解读食品防腐剂含量测定的国家标准。
2. 会使用和维护气相色谱仪和高效液相色谱仪等仪器设备。
3. 能准确测定食品防腐剂的含量。

基本知识

一、食品防腐剂的种类

食品防腐剂是指加入食品中能够杀死或抑制微生物,防止或延缓食品腐败的食品添加剂。防腐剂主要是利用化学的方法来杀死有害微生物或抑制微生物的生长,从而防止食品腐败或延缓腐败的时间,即对代谢底物为腐败物的微生物生长具有持续的抑制作用。重要的是它能在不同情况下抑制最易发生的腐败作用,特别是在一般灭菌作用不充分时仍具有持续性的效果。

世界各国食品防腐剂的种类不同,美国有 50 多种,日本约 40 种,我国允许在食品中使用的防腐剂有 30 多种。

食品防腐剂按作用分为杀菌剂和抑菌剂,二者常因浓度、作用时间和微生物性质等的不同而不易区分。按性质也可分为有机化学防腐剂和无机化学防腐剂两类。此外还有乳酸链球菌素,是一种由乳酸链球菌产生、含 34 个氨基酸的肽类抗生素,有 28 个品种。防腐剂按来源分，有化学防腐剂和天然防腐剂两大类。

化学防腐剂又分为有机化学防腐剂与无机化学防腐剂。有机化学防腐剂主要包括苯甲酸及其盐类、山梨酸及其盐类、对羟基苯甲酸的酯类等。苯甲酸及其盐、山梨酸及其盐等均是通过未解离的分子起抗菌作用，均需转变成相应的酸后才有效，故称酸性防腐剂。它们在酸性条件下对霉菌、酵母菌及细菌都有一定的抑菌能力，常用于果汁、饮料、罐头、酱油、醋等食品的防腐。此外，丙酸及其盐类对抑制使面包生成丝状黏质的细菌特别有效，且安全性高。无机化学防腐剂主要包括二氧化硫、亚硫酸盐及亚硝酸盐等。亚硝酸盐能抑制肉毒梭状芽孢杆菌，起到防腐作用，但它主要作为发色剂用。亚硫酸盐等可抑制某些微生物活动所需的酶，并具有酸性防腐剂的特性，但主要作为漂白剂用。

天然防腐剂，通常是从动物、植物和微生物的代谢产物中提取的。例如，乳酸链球菌素是从乳酸链球菌的代谢产物中提取得到的一种多肽物质，多肽可在机体内降解为各种氨基酸。世界各国对这种防腐剂的规定也不相同，我国对乳酸链球菌素的使用范围和最大许可用量有严格的规定。

二、食品防腐剂含量测定的意义

食品防腐剂是有利有弊的，添加食品防腐剂是为了防止食品中微生物的滋生，避免微生物引发的食品腐烂变质，如硝酸钠、硝酸钾和亚硝酸钠等可以防止鲜肉在空气中被氧化，确保肉类食品的新鲜度，硝酸盐还是肉毒杆菌的抑制剂。

同时食品防腐剂具有一定的副作用，甚至含有微量毒素，使用不当会给人体带来危害，长期食用防腐剂超标的产品，会引发肠胃炎等疾病。亚硝酸盐超标会给肝、肾等人体重要器官带来危害，还有可能诱发过敏等症状；含二氧化硫等成分的食品防腐剂可以刺激呼吸道，增加慢性支气管炎等疾病的患病概率。

食品防腐剂作为食品添加剂的一种，必须严格按照《食品安全国家标准 食品添加剂使用标准》（GB 2760—2024）规定添加，不能超标使用，也不得任意滥用。食品防腐剂在实际应用中存在很多问题，如达不到防腐效果，影响食品的风味和品质等；茶多酚作为食品防腐剂使用时，浓度过高会使人感到苦涩味，还会由于氧化而使食品变色。

测定食品中防腐剂的含量对于评价防腐剂效果、控制产品质量、指导食品生产研发、保障食品安全等方面都具有重要的意义。

在食品的生产加工过程中，食品防腐剂在种类、性质、使用范围、价格和毒性等不同的情况下，应注意以下几点后再合理使用。

① 在添加食品防腐剂之前，应保证食品灭菌完全，不应有大量的微生物存在，否则食品防腐剂的加入将不会起到理想的效果。例如山梨酸钾，不但不会起到防腐的作用，反而会成为微生物繁殖的营养源。

② 应了解各类食品防腐剂的毒性和使用范围，按照安全使用量和使用范围进行添加。如苯甲酸钠，因其毒性较强，在有些国家已被禁用，而中国也严格确定了其只能在酱类、果酱类、酱菜类、罐头类和一些酒类中使用。

③ 应了解各类食品防腐剂的有效使用环境，酸性防腐剂只能在酸性环境中使用，才具有强有效的防腐作用，但用在中性或偏碱性的环境中却没有多少作用，如山梨酸钾、苯甲酸钠等；而酯型防腐剂中的尼泊金酯类却也能在 pH 4～8 使用，且效果也还不错。

④ 应了解各类防腐剂所能抑制的微生物种类，有些防腐剂对霉菌有效果，有的对酵母菌有效果，只有掌握好防腐剂的这一特性，才可对症下药。

⑤ 根据各类食品加工工艺的不同，应考虑到防腐剂的价格和溶解性，以及对食品风味

是否有影响等因素，综合其优缺点，再灵活添加使用。

三、食品防腐剂含量的测定依据及方法

食品防腐剂的测定方法有高效液相色谱法、气相色谱法、分光光度法、薄层色谱法、离子色谱法与毛细管电色谱法等检测技术，较常使用的检测方法为气相色谱法与高效液相色谱法。这两种检测方法可以同时对多种防腐剂进行测定。

具体参考依据有《食品安全国家标准 食品中苯甲酸、山梨酸和糖精钠的测定》（GB 5009.28—2016）、《食品安全国家标准 食品中对羟基苯甲酸酯类的测定》（GB 5009.31—2016）等。

任务十三　酱腌菜中山梨酸、苯甲酸含量的测定

【任务描述】

山梨酸（钾）能有效地抑制霉菌、酵母菌和好氧性细菌的活性，还能防止肉毒杆菌、葡萄球菌、沙门氏菌等有害微生物的生长和繁殖，但对厌氧性芽孢菌与嗜酸乳杆菌等有益微生物几乎无效，其抑制发育的作用比杀菌作用更强，能有效延长食品保存时间的添加量一般为0.5%。山梨酸钾是我国允许使用的防腐剂。山梨酸分子能与微生物细胞酶系统中的巯基结合，从而达到抑制微生物生长和防腐的目的。一般这种情况按照国家规定的剂量添加，对人的危害很小，但过量添加，可能会引起肝肾功能损害。

苯甲酸是一种芳香酸类有机化合物，也是最简单的芳香酸，分子式为$C_7H_6O_2$；最初由安息香胶制得，故称安息香酸；微溶于冷水、己烷，溶于热水、乙醇、乙醚、氯仿、苯、二硫化碳和松节油等。苯甲酸及其盐类是广谱抗微生物试剂，但抗菌有效性依赖于食品的pH值。随着介质酸度的增高，其杀菌、抑菌效力增强，在碱性介质中则失去杀菌、抑菌作用，其防腐的最适pH值为2.5~4.0。

苯甲酸钠是一种药品和食品防腐剂，毒性较小，小剂量的苯甲酸钠进入人体后，可以被人体代谢并且排出体外，不会对人体造成严重的危害。但如果长时间摄入大剂量的苯甲酸钠，苯甲酸钠进入胃肠道后会与胃酸产生反应，形成苯甲酸，容易造成慢性苯中毒。患者会出现头痛、头晕、乏力、记忆力减退、失眠、多梦、皮肤出血等症状，严重的甚至会出现白血病、再生障碍性贫血等。

酱腌菜是我国各族人民喜欢的调味副食品之一。由于酱腌菜具有鲜甜脆嫩或咸鲜辛辣等独特香味，具有一定的营养价值，深得群众青睐，成为人们日常生活中不可缺少的调味副食品。根据《酱腌菜》（SB/T 10439—2007）对酱腌菜的定义，酱腌菜包括：酱渍菜、盐渍菜、酱油渍菜、糖渍菜、醋渍菜、糖醋渍菜、虾油渍菜、盐水渍菜、糟渍菜。

酱腌菜腌制时间较长，在腌制过程中为防止腐败会添加山梨酸钾、苯甲酸等防腐剂，因此成品酱腌菜都会检测相关成分的含量，以保证其安全性。某腌酱菜公司开发新产品，腌制了一批新品酱腌菜样品，用于感官鉴评。为保证产品安全性，现委托对该批样品中山梨酸、苯甲酸含量进行检测，请协助该公司完成检测工作，并填写检验报告。

【任务准备】

1．参考标准

《食品安全国家标准 食品中苯甲酸、山梨酸和糖精钠的测定》（GB 5009.28—2016）。

2. 仪器设备

涡旋振荡器、研磨机、恒温水浴锅、超声波发生器。

高效液相色谱仪：配紫外检测器。

分析天平：感量为 0.001g 和 0.0001g。

离心机：转速≥8000r/min。

水相微孔滤膜：0.22μm。

塑料离心管：50mL。

3. 试剂

除非另有说明，本方法所用试剂均为分析纯，水为 GB/T 6682—2008 规定的一级水。

氨水溶液（$NH_3 \cdot H_2O$，1+99）：取氨水 1mL，加到 99mL 水中，混匀。

亚铁氰化钾溶液 [$K_4Fe(CN)_6 \cdot 3H_2O$，92g/L]：称取 106g 亚铁氰化钾，加入适量水溶解，用水定容至 1000mL。

乙酸锌溶液 [$Zn(CH_3COO)_2 \cdot 2H_2O$，183g/L]：称取 220g 乙酸锌溶于少量水中，加入 30mL 冰乙酸，用水定容至 1000mL。

乙酸铵溶液（CH_3COONH_4，20mmol/L）：称取 1.54g 色谱纯乙酸铵，加入适量水溶解，用水定容至 1000mL，经 0.22μm 水相微孔滤膜过滤后备用。

苯甲酸钠（C_6H_5COONa，CAS 号：532-32-1），纯度≥99.0%；或苯甲酸（C_6H_5COOH，CAS 号：65-85-0），纯度≥99.0%，或经国家认证并授予标准物质证书的标准物质。

山梨酸钾（$C_6H_7KO_2$，CAS 号：590-00-1），纯度≥99.0%；或山梨酸（$C_6H_8O_2$，CAS 号：110-44-1），纯度≥99.0%，或经国家认证并授予标准物质证书的标准物质。

盐酸溶液（HCl，1+1）：取 50mL 盐酸，边搅拌边慢慢加入 50mL 水中，混匀。

苯甲酸、山梨酸标准储备液（1000mg/L）：分别准确称取苯甲酸钠 0.118g、山梨酸钾 0.134g（精确到 0.0001g），用水溶解并分别定容至 100mL。于 4℃储存，保存期为 6 个月。当使用苯甲酸和山梨酸标准品时，需要用甲醇溶解并定容。

苯甲酸和山梨酸混合标准中间液（200mg/L）：分别准确吸取苯甲酸和山梨酸标准储备液 10.0mL 于 50mL 容量瓶中，用水定容。于 4℃储存，保存期为 3 个月。

苯甲酸、山梨酸混合标准系列工作液：分别准确吸取苯甲酸和山梨酸混合标准中间液 0.00mL、0.05mL、0.25mL、0.50mL、1.00mL、2.50mL、5.00mL 和 10.0mL，用水定容至 10mL，配制成质量浓度分别为 0mg/L、1.00mg/L、5.00mg/L、10.0mg/L、20.0mg/L、50.0mg/L、100mg/L 和 200mg/L 的混合标准系列工作液。临用现配。

【任务实施】

1. 试样制备

样品用研磨机充分粉碎并搅拌均匀，取其中的 200g 装入玻璃容器中，密封，于 −18℃ 保存。

2. 试样提取

准确称取约 2g（精确到 0.001g）试样于 50mL 具塞离心管中，加水约 25mL，涡旋混匀，50℃水浴超声 20min，冷却至室温后加亚铁氰化钾溶液 2mL 和乙酸锌溶液 2mL，混匀，8000r/min 离心 5min，将水相转移至 50mL 容量瓶中，残渣中加水 20mL，涡旋混匀后超声 5min，8000r/min 离心 5min，将水相转移到同一 50mL 容量瓶中，并用水定容至刻度，混匀。取适量上清液过 0.22μm 滤膜，待液相色谱测定。

3．仪器参考条件

色谱柱：C_{18}柱，柱长 250mm，内径 4.6mm，粒径 5μm，或等效色谱柱。
流动相：甲醇＋乙酸铵溶液＝5＋95。
流速：1mL/min。
检测波长：230nm。
进样量：10μL。

4．标准曲线的制作

将混合标准系列工作液分别注入液相色谱仪中，测定相应的峰面积，以混合标准系列工作液的质量浓度为横坐标，以峰面积为纵坐标，绘制标准曲线。

5．试样溶液的测定

将试样溶液注入液相色谱仪中，得到峰面积，根据标准曲线得到试样溶液中苯甲酸、山梨酸的质量浓度。

6．分析结果的表述

试样中山梨酸、苯甲酸的含量按式(4-1) 计算：

$$X=\frac{\rho V}{m\times 1000} \tag{4-1}$$

式中　X——试样中待测组分含量，g/kg；
　　　ρ——由标准曲线得出的试样中待测组分的质量浓度，mg/L；
　　　V——试样定容体积，mL；
　　　m——试样质量，g；
　　　1000——由 mg/kg 转换为 g/kg 的换算因子。

结果保留三位有效数字。

7．精密度及检出限、定量限

在重复性条件下获得的两次独立测定结果的绝对差值不得超过算术平均值的 10％。按取样量 2g、定容 50mL，苯甲酸、山梨酸的检出限均为 0.005g/kg，定量限均为 0.01g/kg。

【结果与评价】

填写任务工单中的测定酱腌菜中山梨酸、苯甲酸含量数据记录表。按任务工单中的测定酱腌菜中山梨酸、苯甲酸含量任务完成情况总结评价表对工作任务的完成情况进行总结评价。

【注意事项】

1．所用试剂溶液应用无氨蒸馏水配制；
2．规范使用液相色谱仪；
3．标准系列工作液现用现配；
4．填写原始记录及时、规范、整洁，有效数字准确，图谱解读正确；
5．数据记录表填写正确；
6．正确计算样品的含量，公式、单位正确，数据修约原则正确使用，测定结果的绝对差值与算术平均值之比符合要求；

7. 注意液相色谱仪的保养；

8. 节能减排，保护环境。

【其他】

1mg/L 苯甲酸、山梨酸标准溶液液相色谱图见图 4-1。

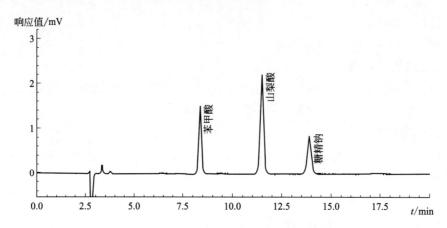

图 4-1　1mg/L 苯甲酸、山梨酸标准溶液液相色谱图
（流动相：甲醇＋乙酸铵溶液＝5＋95）

项目检测

一、基础概念

高效液相色谱　标准曲线　防腐剂

二、填空题

1. 没有防腐剂的食物极易变质，极易导致细菌在人体内的繁殖，从而引发食物中毒、各类胃肠道疾病，甚至引发死亡。所以，安全范围内的防腐剂是很多食物中必不可少的元素，它会帮助人们_____食物中细菌的生长。

2. 山梨酸钾抗菌力强，毒性小，可参与人体的正常代谢，转化为_____和水。

3. 苯甲酸钠为白色颗粒或结晶粉末，无臭或略带安息香的气味。其防腐最佳 pH 值为 2.5～4.0，在 pH 值_____以上的产品中，杀菌效果不是很理想。

4. 苯甲酸钠亲油性较_____，易穿透细胞膜进入细胞体内，干扰细胞膜的通透性，抑制细胞膜对氨基酸的吸收。

5. 山梨酸不溶于水，使用时须先将其溶于_____中。苯甲酸是最简单的芳香族羧酸，具有芳香性，也具有_____的性质，因此可发生两大类化学反应，一是苯环上的取代反应，二是羧基的反应。

6. 苯甲酸是弱酸，酸性比脂肪酸_____。它们的化学性质相似，都能形成盐、酯、酰卤、酰胺、酸酐等，都不易被氧化。

7. 苯甲酸类防腐剂是以其未离解的分子发生作用的，未离解的苯甲酸亲油性强，易通过细胞膜进入细胞内，干扰_____和_____等微生物细胞膜的通透性，阻碍细胞膜对氨基酸的吸收，进入细胞内的苯甲酸分子，酸化细胞内的储碱，抑制微生物细胞内的呼吸酶系的活性，从而起到防腐作用。

三、选择题

1. 山梨酸及其盐类属于（　　）防腐剂。
　A. 有机化学　　　　B. 无机化学　　　　C. 天然　　　　D. 有毒

2. 以下哪种不是防腐剂的防腐原理？（　　）
　A. 干扰微生物的酶系，破坏其正常的新陈代谢，抑制酶的活性
　B. 使微生物的蛋白质凝固和变性，干扰其生存和繁殖
　C. 改变细胞膜的渗透性，抑制其体内的酶类代谢产物的排出，导致其失活
　D. 直接毒死病毒和细菌

3. 中国只批准了（　　）种允许使用的食品防腐剂，且都为低毒、安全性较高的品种。
　A. 65　　　　　　　B. 30　　　　　　　C. 32　　　　　　　D. 35

4. 食品防腐剂可以（　　）。
　A. 抑制微生物的生长　　　　　　　　B. 改变食品色泽
　C. 保证食品在保质期内不发生腐败变质　D. 延长食品的保存期

5. 中国对防腐剂的使用有着严格的规定，明确防腐剂应该符合的标准有（　　）。
　A. 合理使用对人体健康无害
　B. 不影响消化道菌群
　C. 在消化道内可降解为食物的正常成分
　D. 不影响药物抗生素的使用
　E. 对食品热处理时不产生有害成分

6. 下列说法错误的是（　　）。
　A. 山梨酸和山梨酸钾的毒性比苯甲酸小，防腐效果比苯甲酸钠好，更加安全
　B. 苯甲酸和苯甲酸钠的优势是在空气中比较稳定，成本较低
　C. 在密封状态下，山梨酸和山梨酸钾也很稳定，山梨酸钾的热稳定性比较好，分解温度高达270℃
　D. 苯甲酸在酸性条件下溶解度较高

7. 苯甲酸钠对微生物的作用与苯甲酸相同，可由于是钠盐，若要取得与苯甲酸相同的杀菌效果，所需添加量是苯甲酸的（　　）倍。
　A. 4.8　　　　　　B. 1.2　　　　　　C. 2.4　　　　　　D. 3.6

8. 根据联合国粮农组织（FAO）规定，苯甲酸和苯甲酸钠可以用于速冻鱼条、鱼块、鱼馅制品，但并没有把（　　）列入使用范围。
　A. 乳制品　　　　B. 肉制品　　　　C. 焙烤类食品　　　D. 发酵酿造制品

9. 添加食品防腐剂的目的是（　　）。
　A. 改善食品品质　　　　　　　　B. 延长保存期
　C. 方便加工　　　　　　　　　　D. 保全营养成分

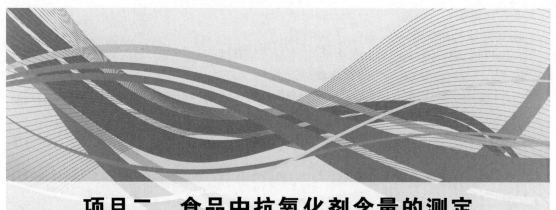

项目二 食品中抗氧化剂含量的测定

知识目标

1. 了解食品中抗氧化剂含量测定的意义。
2. 理解抗氧化剂的概念及测定原理。
3. 掌握测定食品中抗氧化剂含量的方法。

技能目标

1. 会解读食品中抗氧化剂测定的国家标准。
2. 会使用和维护气相色谱仪等仪器设备。
3. 能准确测定食品中抗氧化剂的含量。

基本知识

一、食品抗氧化剂的种类

食品抗氧化剂是指能防止或延缓食品氧化变质、提高食品稳定性和延长储存期的食品添加剂。氧化不仅会使食品中的油脂变质,而且还会使食品褪色、变色,破坏维生素等,从而降低食品的感官质量和营养价值,甚至产生有害物质,引起食物中毒。

抗氧化剂按来源可分为天然抗氧化剂和合成抗氧化剂两类。天然抗氧化剂常用的有天然维生素 E、辣椒提取物、香料提取物、茶多酚、黄酮类、虾青素、花青素等;合成抗氧化剂常用的有二丁基羟基甲苯(BHT)、丁基羟基茴香醚(BHA)、没食子酸丙酯(PG)、合成维生素 E、抗坏血酸(维生素 C)和异抗坏血酸等。

抗氧化剂按其溶解性的不同,可分为脂溶性、水溶性和兼容性三类,脂溶性抗氧化剂包括 BHA、BHT 和 PG 等;水溶性抗氧化剂包括抗坏血酸、茶多酚等;兼容性抗氧化剂有抗坏血酸棕榈酸酯等。

除上述产品外，美国 FDA 还批准使用抗坏血酸棕榈酸酯、抗坏血酸钙、硫代二丙酸月桂酯、乙氧喹、卵磷脂、偏亚硫酸酯、抗坏血酸硬脂酸酯、偏亚硫酸钠、亚硫酸钠、氯化亚锡、没食子酸戊酯等作为抗氧化剂。

最常用的食品抗氧化剂是酚类物质。抗氧化剂中的 BHA、BHT、PG、TBHQ（特丁基对苯二酚）和生育酚五种是国际上广泛使用的抗氧化剂，它们可以单独使用或与柠檬酸、抗坏血酸等酸性增效剂复合使用，可满足大部分食品制品的需要。抗氧化剂一般都是直接添加到脂肪和油中，也可以使用喷雾的方法来添加抗氧化剂，如把抗氧化剂溶解后喷在食品上。TBHQ 和 BHT 属于合成抗氧化剂，在国家规定的使用范围和剂量内使用是安全可靠的。

二、食品抗氧化剂测定的意义

食品抗氧化剂不管是天然的还是合成的，只要是食品添加剂就必须符合《食品安全国家标准 食品添加剂使用标准》（GB 2760—2024）的规定。以合成抗氧化剂中的 BHA 和 BHT 为例，BHA 作食品抗氧化剂，能阻碍油脂食品的氧化作用，延缓食品开始腐败的时间；BHT 与油脂同时存在时，氧气会优先氧化 BHT，客观上起到防止油脂氧化变质的作用。因此，油脂含量高的食物中常添加 BHA 和 BHT 作为抗氧化剂。国外有研究发现食品中过量添加 BHT，长期使用后有致畸的风险。因此国际癌症研究机构（IARC）将 BHA 划分为"对人类可能致癌物（2B 类）"；欧盟委员会（European Commission）将 BHA 列为"潜在内分泌干扰物（1 类）"；美国国立卫生研究院（National Institutes of Health）国家毒理学计划认为"合理预期 BHA 是人类致癌物"；国际癌症研究机构将 BHT 列为"人类无法分类，但有证据表明其会导致动物癌症"；美国公共利益科学中心（CSPI）建议将 BHA、BHT 置于"谨慎"一列。但符合安全剂量的添加而且不是长期使用是不会造成危害的。微量的 BHT 人体是可以代谢掉的。

因此不仅 BHA、BHT 等合成抗氧化剂，即便像茶多酚此类的天然抗氧化剂，在《食品安全国家标准 食品添加剂使用标准》（GB 2760—2014）中也规定了使用范围及最大使用量。

测定食品中抗氧化剂含量对于评价产品质量、保障食品安全具有重要意义。

三、食品抗氧化剂测定的依据及方法

食品抗氧化剂的测定方法主要有气相色谱法、高效液相色谱法、薄层色谱法、比色法等。

气相色谱法测定食用油中的抗氧化剂是先将油脂溶解于石油醚，然后过色谱柱去除杂质，浓缩后进行检测。高效液相色谱法可同时测定多种抗氧化剂，一般需要正己烷溶解油脂试样，然后用乙腈各提取两次，合并提取液，用旋转蒸发器蒸发浓缩，用异丙醇定容，上机进行 HPLC 分析。薄层色谱法对高脂肪食品中的 BHA、BHT、PG 做定性检测，采用甲醇提取油脂或食品中的抗氧化剂，用薄层色谱定性，根据其在薄层板上显色后的最低检出量与标准品最低检出量比较而概略定量。比色法检测食品中的 BHT 含量，试样通过水蒸气蒸馏，使 BHT 分离，用甲醇吸收，遇邻联二茴香胺与亚硝酸钠溶液变成橙红色，用三氯甲烷提取，可进行比色定量。比色法检测油脂中 PG 的含量，试样经石油醚溶解，用乙酸铵水溶液提取后，PG 与酒石酸盐亚铁起颜色反应，在波长 540nm 处测吸光度，可进行比色定量。

主要参考依据有《食品中叔丁基羟基茴香醚（BHA）与2,6-二叔丁基对甲酚（BHT）的测定》（GB/T 5009.30—2003）、《食品安全国家标准 食品中9种抗氧化剂的测定》（GB 5009.32—2016）等。

任务十四　油脂中 BHA 和 BHT 含量的测定

【任务描述】

脂溶性抗氧化剂是能均匀地分布于油脂中，对油脂和含油脂的食品能很好地发挥抗氧化作用，防止其氧化酸败的物质，分为人工合成脂溶性抗氧化剂与天然脂溶性抗氧化剂两大类。各国使用的抗氧化剂大多数是人工合成的，使用较广泛的有 BHA、BHT、PG、TBHQ 等。天然的有愈创树脂、生育酚混合浓缩物等。

某粮油食品公司研究包装工艺与抗氧化剂加量对产品货架期的影响，特委托进行某油脂样品中 BHA 和 BHT 含量的测定，请协助完成检验工作，并填写检验报告。

【任务准备】

1. 参考标准

《食品中叔丁基羟基茴香醚（BHA）与2,6-二叔丁基对甲酚（BHT）的测定》（GB/T 5009.30—2003）。

2. 仪器设备

气相色谱仪：附 FID 检测器。

蒸发器：容积 200mL。

振荡器。

层析柱：1cm×30cm 玻璃柱，带活塞。

气相色谱柱：柱长 1.5m，内径 3mm 的玻璃柱内装涂质量分数为 10% 的 QF-1Gas Chrom Q(80～100 目)。

3. 试剂

硅胶 G：60～80 目于 120℃活化 4h 放干燥器备用。

弗罗里硅土：60～80 目于 120℃活化 4h 放干燥器备用。

BHA、BHT 混合标准储备液：准确称取 BHA、BHT（纯度为 99.0%）各 0.1g，混合后用二硫化碳溶解，定容至 100mL 容量瓶中，此溶液为每毫升分别含 1.0mg BHA、1.0mg BHT，置冰箱保存。

BHA、BHT 混合标准使用液：吸取标准储备液 4.0mL 于 100mL 容量瓶中，用二硫化碳定容至 100mL 容量瓶中，此溶液为每毫升分别含 0.040mg BHA、0.040mg BHT，置冰箱中保存。

【任务实施】

1. 试样预处理

称取 500g 油脂试样，然后用对角线取 2/4 或 2/6，或根据试样情况取有代表性的试样，在玻璃乳钵中研碎,混合均匀后放置广口瓶内并保存于冰箱中。

2. 脂肪的提取

称取 50g 试样,混合均匀,置于 250mL 具塞锥形瓶中,加 50mL 石油醚(沸程为 30～60℃),放置过夜,用快速滤纸过滤后,减压回收溶剂,残留脂肪备用。

3. 试样的制备

层析柱的制备:于层析柱底部加入少量玻璃棉,少量无水硫酸钠,将硅胶 G-弗罗里硅土(6+4)共 10g,用石油醚湿法混合装柱,柱顶部再加入少量无水硫酸钠。

试样(提取的脂肪)制备:称取提取的脂肪 0.50～1.00g,用 25mL 石油醚溶解移入制备好的层析柱中,再以 100mL 二氯甲烷分 5 次淋洗,合并淋洗液,减压浓缩近干,用二硫化碳定容至 2.0mL,该溶液为待测溶液。

植物油试样的制备:称取混合均匀的试样 2.00g,放入 50mL 烧杯中,加 30mL 石油醚溶解,转移至制备好的层析柱中,再用 10mL 石油醚分数次洗涤烧杯,并转移到层析柱,用 100mL 二氯甲烷分五次淋洗,合并淋洗液,减压浓缩近干,用二硫化碳定容至 2.0mL,该溶液为待测溶液。

4. 仪器参考条件

色谱柱:长 1.5m,内径 3mm 玻璃柱,质量分数为 10% 的 QF-1Gas Chrom Q(80～100 目)。

检测器:FID。

温度:检测室 200℃,进样口 200℃,柱温 140℃。

载气流量:氮气 70mL/min;氢气 50mL/min;空气 500mL/min。

5. 测定

注入气相色谱 3.0μL 标准使用液,绘制色谱图,计算标准使用液中各组分峰高或峰面积,进 3.0μL 试样待测溶液(应视试样含量而定),绘制色谱图,计算试样待测液中各组分峰高或峰面积,与标准使用液标准峰高或峰面积比较计算含量。

6. 分析结果的表述

试样中 BHA 和 BHT 的含量按式(4-2) 计算:

$$m_1 = \frac{h_i V_m}{h_s V_i} V_s c_s \tag{4-2}$$

式中 m_1——待测溶液 BHA(或 BHT) 的质量,mg;

h_i——注入色谱试样中 BHA(或 BHT) 的峰高或峰面积;

h_s——标准使用液中 BHA(或 BHT) 的峰高或峰面积;

V_i——注入色谱试样溶液的体积,mL;

V_m——待测试样定容的体积,mL;

V_s——注入色谱中标准使用液的体积,mL;

c_s——标准使用液的浓度,mg/mL。

食品中以脂肪计 BHA(或 BHT) 的含量按式(4-3) 计算:

$$X_1 = \frac{m_1 \times 1000}{m_2 \times 1000} \tag{4-3}$$

式中 X_1——食品中以脂肪计 BHA(或 BHT) 的含量,g/kg;

m_1——待测溶液中 BHA(或 BHT) 的含量,mg;

m_2——油脂（或食品中脂肪）的质量，g；

1000——单位换算系数。

结果保留三位有效数字。

7. 精密度

在重复性条件下获得的两次独立测定结果的绝对差值不得超过算术平均值的15％。

【结果与评价】

　　填写任务工单中的测定油脂中BHA（或BHT）含量数据记录表。按任务工单中的测定油脂中BHA（或BHT）含量任务完成情况总结评价表对工作任务的完成情况进行总结评价。

【注意事项】

　　1. 所用试剂溶液应用无氨蒸馏水配制；

　　2. 规范使用气相色谱仪；

　　3. 标准使用液现用现配；

　　4. 填写原始记录及时、规范、整洁，有效数字准确，图谱解读正确；

　　5. 数据记录表填写正确；

　　6. 正确计算样品的含量，公式、单位正确，数据修约原则正确使用，测定结果的绝对差值与算术平均值之比符合要求；

　　7. 注意气相色谱仪的保养；

　　8. 节能减排，保护环境。

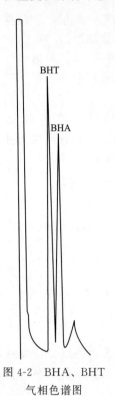

图 4-2　BHA、BHT 气相色谱图

【其他】

BHA、BHT气相色谱图见图4-2。

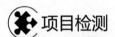 项目检测

一、基础概念

抗氧化剂　峰高　峰面积

二、填空题

1. 食品抗氧化剂按来源可分为合成抗氧化剂和_____抗氧化剂。

2. 食品抗氧化剂按溶解性可分为脂溶性、水溶性和_____三类。

3. _____食品抗氧化剂有BHA、BHT等；水溶性抗氧化剂有抗坏血酸、茶多酚等；兼容性抗氧化剂有抗坏血酸棕榈酸酯等。

4. 食品抗氧化剂是能阻止或_____食品氧化变质、提高食品稳定性和延长储存期的食品添加剂。

三、选择题

1. 下列是脂溶性抗氧化剂的是（　　）。

A. BHA　　　　B. BHT　　　　C. 抗坏血酸　　　　D. 抗坏血酸棕榈酸酯

2. 下列不是天然抗氧化剂的是（　　）。
   A. 茶多酚　　　　B. 萝卜红色素　　C. BHT　　　　　D. 丹参酮
3. BHA 广泛用作食品和食品包装材料中。BHA 可将猪油的氧化稳定性提高（　　）倍，若用柠檬酸增效可提高 10 倍。
   A. 3　　　　　　B. 8　　　　　　C. 4　　　　　　D. 6
4. BHA 最重要的特点是能在焙烤和油炸食品中保持活性，在（　　）条件下稳定。
   A. 中性　　　　　B. 酸性　　　　　C. 碱性　　　　　D. 弱酸性
5. BHT 也是经 WHO 批准广泛应用的食品抗氧化剂。其应用范围与 BHA 相当，抗氧化能力（　　）于 BHA。
   A. 高　　　　　　B. 低　　　　　　C. 等　　　　　　D. 不同

项目三 食品中发色剂的测定

知识目标

1. 了解食品发色剂的种类和测定的意义。
2. 理解食品发色剂含量的测定原理。
3. 掌握测定食品中硝酸盐、亚硝酸盐含量的方法及技能。

技能目标

1. 会解读食品发色剂含量测定的国家标准。
2. 会使用和维护分光光度计、离子色谱仪等仪器设备。
3. 能准确测定食品中硝酸盐和亚硝酸盐的含量。

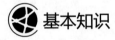 基本知识

一、食品发色剂的种类

食品发色剂又称护色剂或呈色剂,是能与肉及肉制品中呈色物质作用,使之在食品加工、保藏等过程中不被分解、破坏,而使肉及肉制品呈现良好色泽的一类食品添加剂。

食品发色剂可分为发色剂和发色助剂。常用的发色剂有亚硝酸钠、亚硝酸钾、硝酸钠和硝酸钾等。发色助剂是指提高发色剂效果的一类食品添加剂,一般是具有还原作用的有机酸,如抗坏血酸、烟酰胺等。对于发色剂,根据成本和需求确定投放量,一般不做限量规定。发色剂一般和发色助剂共同使用,可防止发色剂中含有的少量硝酸将肌红蛋白氧化,同时可还原褐色的高铁血红蛋白。

二、食品中发色剂含量测定的意义

我国食品添加剂使用标准中公布的发色剂有硝酸钠(钾)和亚硝酸钠(钾)。硝酸盐和

亚硝酸盐是肉制品生产中常用的发色剂。在微生物作用下，硝酸盐还原为亚硝酸盐，亚硝酸盐在肌肉中乳酸的作用下生成亚硝酸，而亚硝酸极不稳定，可分解为亚硝基，并与肌肉组织中的肌红蛋白结合，生成鲜红色的亚硝基肌红蛋白，使肉及肉制品呈现良好的色泽。亚硝酸盐还具有较好的防腐作用和增进肉制品风味的作用。

但硝酸盐和亚硝酸盐作为食品添加剂，过多的使用会对人体产生毒害作用。亚硝酸盐摄入过量，可使血红蛋白转变成高铁血红蛋白，从而失去携氧能力，导致组织缺氧。另外，亚硝酸盐易与仲胺在体内生成致癌性的亚硝胺类化合物。因此，检测食品中硝酸盐和亚硝酸盐的含量对控制食品中硝酸盐和亚硝酸盐含量、保证食品卫生质量、确保消费者健康，具有重要的意义。

《食品安全国家标准 食品添加剂使用标准》（GB 2760—2024）对硝酸盐和亚硝酸盐的适用范围、最大使用量及残留量做了具体规定，可参考表4-1。

表4-1 食品中硝酸盐、亚硝酸盐的适用范围、最大使用量及残留量

序号	发色剂	适用范围（食品类型）	最大使用量/(g/kg)	备注
1	硝酸钠，硝酸钾	腌腊肉制品类（如咸肉、腊肉、板鸭、中式火腿、腊肠），酱卤肉制品类，熏、烧、烤肉类，油炸肉类，西式火腿（熏烤、烟熏、蒸煮火腿）类，肉灌肠类，发酵肉制品类	0.5	以亚硝酸钠（钾）计，残留量≤30mg/kg
2	亚硝酸钠，亚硝酸钾	腌腊肉制品类（如咸肉、腊肉、板鸭、中式火腿、腊肠），酱卤肉制品类，熏、烧、烤肉类，油炸肉类，西式火腿（熏烤、烟熏、蒸煮火腿）类，肉灌肠类，发酵肉制品类，肉罐头类	0.15	以亚硝酸钠计，残留量≤30mg/kg

三、食品中发色剂含量的测定依据及方法

参照《食品安全国家标准 食品中亚硝酸盐与硝酸盐的测定》（GB 5009.33—2016），亚硝酸盐与硝酸盐的测定方法有3种，离子色谱法、分光光度法和紫外分光光度法（蔬菜、水果中亚硝酸盐含量的测定）。

1. 离子色谱法

试样经沉淀蛋白质、除去脂肪后，采用相应的方法提取和净化，以氢氧化钾溶液为淋洗液，用阴离子交换柱分离，电导检测器或紫外检测器检测。以保留时间定性，外标法定量。

2. 分光光度法

亚硝酸盐采用盐酸萘乙二胺法测定，硝酸盐采用镉柱还原法测定。

试样经沉淀蛋白质、除去脂肪后，在弱酸条件下，亚硝酸盐与对氨基苯磺酸重氮化后，再与盐酸萘乙二胺偶合形成紫红色染料，外标法测得亚硝酸盐含量。采用镉柱将硝酸盐还原成亚硝酸盐，测得亚硝酸盐总量，由测得的亚硝酸盐总量减去试样中亚硝酸盐含量，即得试样中硝酸盐含量。

注意：

① 如无镉柱玻璃管，可用25mL酸式滴定管代替。

② 镉柱装填好及每次使用完毕后，应先用25mL盐酸（0.1mol/L）洗涤，再以水洗2次，镉柱不用时用水封盖，镉层不得混有气泡。

③ 上样前，应先以 25mL 稀氨缓冲液冲洗镉柱，流速控制在 3~5mL/min。
④ 为保证硝酸盐测定的准确性，应常检验镉柱的还原效率。
⑤ 镉是有毒元素之一，操作时注意安全。

3. 紫外分光光度法（蔬菜、水果中亚硝酸盐含量的测定）

用 pH 9.6~9.7 的氨缓冲液提取样品中的硝酸根离子，同时加活性炭去除色素，加沉淀剂去除蛋白质及其他干扰物质，利用硝酸根离子和亚硝酸根离子在紫外区 219nm 处具有等吸收波长的特性，测定提取液的吸光度，其测得结果为硝酸盐和亚硝酸盐吸光度的总和，鉴于新鲜蔬菜、水果中亚硝酸盐含量甚微，可忽略不计。测定结果为硝酸盐的吸光度，可从工作曲线上查得相应的质量浓度，计算样品中硝酸盐的含量。

任务十五　卤肉中亚硝酸盐含量的测定

【任务描述】

按《酱卤肉制品》（GB/T 23586—2022）定义，酱卤肉制品是将鲜（冻）畜禽肉和可食副产品放在加有食盐、酱油（或不加）、香辛料的水中，经预煮、浸泡、烧煮、酱制（卤制）等工艺加工而成的酱卤系列肉制品。

在卤肉中加入少量亚硝酸盐作为防腐剂和发色剂，还可以增加肉的风味。而亚硝酸盐具有一定的毒性，且是一种潜在的致癌物质，过量或长期使用会对人体造成危害。因此，国家对食品中亚硝酸盐的含量有严格的限制。根据《食品安全国家标准 食品添加剂使用标准》（GB 2760—2024）中规定，酱卤肉制品类中亚硝酸盐残留量（以亚硝酸钠计）应≤30mg/kg。

某酱卤肉制品企业为改善工艺、配方研发了新产品，为研究新工艺对产品亚硝酸盐残留量的影响，特委托对其新品卤肉产品中亚硝酸盐含量进行检测，请协助该公司完成检测工作，并撰写检验报告。

【任务准备】

1. 参考标准

《食品安全国家标准 食品中亚硝酸盐与硝酸盐的测定》（GB 5009.33—2016）。

2. 仪器设备

分析天平：感量为 0.1mg 和 1mg。
组织捣碎机、超声波清洗器、恒温干燥箱、分光光度计。

3. 试剂

亚铁氰化钾溶液（106g/L）：称取 106.0g 亚铁氰化钾，用水溶解，并稀释至 1000mL。
乙酸锌溶液（220g/L）：称取 220.0g 乙酸锌，先加 30mL 冰醋酸溶解，用水稀释至 1000mL。
饱和硼砂溶液（50g/L）：称取 5.0g 硼酸钠，溶于 100mL 热水中，冷却后备用。
氨缓冲溶液（pH 9.6~9.7）：量取 30mL 盐酸，加 100mL 水，混匀后加 65mL 氨水，再加水稀释至 1000mL，混匀。调节 pH 9.6~9.7。
对氨基苯磺酸溶液（4g/L）：称取 0.4g 对氨基苯磺酸，溶于 100mL 20%盐酸中，混匀，置棕色瓶中，避光保存。

盐酸萘乙二胺溶液（2g/L）：称取0.2g盐酸萘乙二胺，溶于100mL水中，混匀，置棕色瓶中，避光保存。

亚硝酸钠标准溶液（200μg/mL，以亚硝酸钠计）：准确称取0.1000g于110～120℃干燥恒重的亚硝酸钠，加水溶解，移入500mL容量瓶中，加水稀释至刻度，混匀。

亚硝酸钠标准使用液（5.0μg/mL）：临用前，吸取2.50mL亚硝酸钠标准溶液，置于100mL容量瓶中，加水稀释至刻度。

【任务实施】

1. 样品处理

称取5g(精确至0.001g)经绞碎混匀的卤肉样品，置于250mL具塞锥形瓶中，加入12.5mL 50g/L饱和硼砂溶液，加入70℃左右的水约150mL，混匀，于沸水浴中加热15min，取出置于冷水浴中冷却，并放置至室温。定量转移上述提取液至200mL容量瓶中，加入5mL 106g/L亚铁氰化钾溶液，摇匀，再加入5mL 220g/L乙酸锌溶液，以沉淀蛋白质。加水至刻度，摇匀，放置30min，除去上层脂肪，上清液用滤纸过滤，弃去初滤液30mL，滤液备用。

2. 亚硝酸盐测定

吸取40.0mL上述滤液于50mL带塞比色管中，另吸取0.00mL、0.20mL、0.40mL、0.60mL、0.80mL、1.00mL、1.50mL、2.00mL、2.50mL亚硝酸钠标准使用液（相当于0.0μg、1.0μg、2.0μg、3.0μg、4.0μg、5.0μg、7.5μg、10.0μg、12.5μg亚硝酸钠），分别置于50mL带塞比色管中。于标准管与试样管中分别加入2mL 4g/L对氨基苯磺酸溶液，混匀，静置3～5min后各加入1mL 2g/L盐酸萘乙二胺溶液，加水至刻度，混匀，静置15min，用1cm比色皿，以零管调节零点，于波长538nm处测吸光度，绘制标准曲线。同时做试剂空白试验。

3. 分析结果的表述

以各标准液中的亚硝酸钠含量为横坐标，各标准液的吸光度为纵坐标，绘制标准曲线，得到线性方程。把样品液的吸光度，带入线性方程，求出样品液中亚硝酸钠的质量，代入计算公式(4-4)计算亚硝酸盐的含量。

线性标准曲线的绘制

$$X_1 = \frac{m_2 \times 1000}{m_3 \times \frac{V_1}{V_0} \times 1000} \qquad (4\text{-}4)$$

式中 X_1——试样中亚硝酸钠的含量，mg/kg；

m_2——检测用样品液中亚硝酸钠的质量，μg；

1000——换算系数；

m_3——试样质量，g；

V_1——检测用样品液体积，mL；

V_0——试样处理液总体积，mL。

结果保留2位有效数字。

4. 精密度

在重复条件下获得的两次独立测定结果的绝对差值不得超过算术平均值的10%。

【结果与评价】

填写任务工单中的测定卤肉中亚硝酸盐含量数据记录表。按任务工单中的测定卤肉中的亚硝酸盐含量任务完成情况总结评价表对工作任务的完成情况进行总结评价。

【注意事项】

1. 亚硝酸盐易氧化为硝酸盐，样品处理时，加热的时间和温度均要控制。配制标准溶液的固体亚硝酸钠可长期保存在硅胶干燥器中，若有必要，可在80℃干燥除去水分后称量。配制的亚硝酸钠标准溶液不宜久放。

2. 饱和硼砂溶液在检测中的作用：一是亚硝酸盐的提取剂，二是蛋白质沉淀剂。

3. 蛋白质沉淀剂除了亚铁氰化钾和乙酸锌溶液之外，也可采用硫酸锌溶液（30%）。

4. 比色皿使用前应使用待测液润洗；吸光度测定时，应从低浓度向高浓度检测，以减少测定误差。

5. 盐酸萘乙二胺有致癌作用，使用时应注意安全。

6. 样品中亚硝酸盐浓度应该使其吸光度落在标准曲线的吸光度范围，若浓度过高，应稀释后再进行测定。

项目检测

一、基础概念

发色剂　分光光度法

二、填空题

1. ＿＿＿＿＿和亚硝酸盐是肉制品生产中常用的发色剂，在微生物作用下，硝酸盐还原为＿＿＿＿＿，亚硝酸盐在肌肉中乳酸的作用下生成＿＿＿＿＿，而亚硝酸极不稳定，可分解为亚硝基，并与肌肉组织中的＿＿＿＿＿结合，生成鲜红色的亚硝基肌红蛋白，使肉及肉制品呈现良好的色泽。

2. 亚硝酸盐易与仲胺在体内生成致癌性的＿＿＿＿＿类化合物。

3. 食品中亚硝酸盐与硝酸盐的测定方法三种，＿＿＿＿＿、＿＿＿＿＿和蔬菜、水果中硝酸盐的测定紫外分光光度法。

4. 分光光度法测定亚硝酸盐的原理是：在＿＿＿＿＿条件下，亚硝酸盐与＿＿＿＿＿重氮化后，再与盐酸萘乙二胺偶合形成＿＿＿＿＿染料，＿＿＿＿＿法测得亚硝酸盐含量；亚硝酸钠的最大吸收波长为＿＿＿＿＿。

5. 亚硝酸盐测定中，饱和硼砂溶液的作用是＿＿＿＿＿、＿＿＿＿＿。

三、选择题

1. 卤肉中亚硝酸盐含量的测定采用（　　）。

A. 离子色谱法　　　　　　　　B. 紫外分光光度法

C. 气相色谱法　　　　　　　　D. 分光光度法

2. 分光光度法中,提取时加入亚铁氰化钾溶液和乙酸锌溶液的目的是（　　）。
A. 去除干扰离子　　　　　　　　　B. 提取亚硝酸盐
C. 沉淀蛋白质　　　　　　　　　　D. 便于过滤
3. 以亚硝酸钠含量换算成硝酸钠含量的系数是（　　）。
A. 6.25　　　　B. 0.232　　　　C. 1.232　　　　D. 1.0
4. GB 2760—2014 规定：酱卤肉制品类中亚硝酸盐残留量（以亚硝酸钠计）（　　）。
A. $\geqslant$30mg/kg　　　　　　　　B. $\leqslant$30mg/kg
C. $\geqslant$15mg/kg　　　　　　　　D. $\leqslant$15mg/kg

项目四　食品中甜味剂的测定

知识目标

1. 了解食品甜味剂含量的测定意义。
2. 熟悉甜味剂的概念、分类及测定原理。
3. 掌握测定食品中阿斯巴甜含量的方法。

技能目标

1. 会解读食品中甜味剂含量测定的相关国家标准。
2. 正确使用高效液相色谱仪等仪器设备。
3. 能准确测定食品中阿斯巴甜的含量。

基本知识

一、食品甜味剂的种类

食品甜味剂是能赋予食品甜味的一类食品添加剂。理想的甜味剂应具备安全性高、味觉好、稳定性高、水溶性好、价格低等特点。

食品甜味剂的种类很多，按来源可分为天然甜味剂和人工合成甜味剂；按化学结构和性质分为糖醇类和非糖类甜味剂；按营养价值分为营养型甜味剂和非营养型甜味剂。葡萄糖、果糖、蔗糖、麦芽糖、淀粉糖和乳糖等糖类物质虽然有甜味，但因长期被人们食用，且是重要的营养素，在我国一般视为食品原料，不作为食品添加剂管理。

通常所说的食品甜味剂是指非营养型甜味剂，又分为天然甜味剂和人工合成甜味剂。其中天然甜味剂主要有甜菊糖、甘草、甘草酸二钠、甘草酸三钾和甘草酸三钠等；人工合成甜味剂主要有糖精钠、环己基氨基磺酸钠（又名甜蜜素）、天冬酰苯丙氨酸甲酯（又名阿斯巴甜）、乙酰磺胺酸钾（又名安赛蜜）、三氯蔗糖等。由于人工合成甜味剂具有甜度高、用量少、价格便宜、性质稳定、不参与机体代谢、不提供热量等优点，对肥胖、高血压、糖尿病、龋齿等患者有益，因此在食品特别是软饮料工业中被广泛应用。

二、食品中甜味剂含量测定的意义

食品甜味剂的主要作用有：使食品、饮料具有较好的口感，甜度是许多食品的感官检测指标之一；可调节和增强食品风味，如糕点和饮料；甜味和许多食品的风味是互补的，加入甜味剂可形成产品的独特味道。

但目前在食品工业应用广泛的人工合成甜味剂由于对人体存在安全性隐患，商家违规超量添加、人体过量食用都可能导致身体出现健康问题，因此检测食品中甜味剂的含量对控制食品的安全性、保护消费者权益具有重要的作用。

三、食品中甜味剂的测定依据及方法

不同的食品甜味剂有不同的测定方法，可根据所检测的甜味剂选择对应的检测方法。常用食品甜味剂的测定依据及方法如表 4-2 所示。

表 4-2　常用食品甜味剂的测定依据及方法

序号	甜味剂	测定依据	检测方法
1	糖精钠	GB 5009.28—2016	液相色谱法
2	环己基氨基磺酸钠（又名甜蜜素）	GB 5009.97—2023	气相色谱法、高效液相色谱法、液相色谱-质谱/质谱法
3	天冬酰苯丙氨酸甲酯（又名阿斯巴甜）	GB 5009.263—2016	液相色谱法
4	乙酰磺胺酸钾（又名安赛蜜）	GB/T 5009.140—2023	高效液相色谱法
5	三氯蔗糖	GB 5009.298—2023	高效液相色谱法、高效液相色谱-质谱法

1. 食品中甜蜜素含量的测定

环己基氨基磺酸钠，又名甜蜜素，为酱菜类、调味汁、糕点、配制酒和饮料中常用的一种非营养型甜味剂，其甜度为蔗糖的 40～50 倍，具有风味良好、不带异味、掩盖其他添加剂苦涩味等优点。目前甜蜜素是国内超标较严重的甜味剂之一，其在膨化食品和油炸食品生产中不得使用，一般酒类中容易违规添加。若人体摄入过量，会对肝脏和神经系统造成毒害。

《食品安全国家标准 食品中环己基氨基磺酸钠的测定》（GB 5009.97—2023）中的第一法为气相色谱法。气相色谱法适用于饮料类、蜜饯凉果、果丹类、话化类、带壳及脱壳熟制坚果与籽类、水果罐头、果酱、糕点、面包、饼干、冷冻饮品、果冻、复合调味料、腌渍的蔬菜、腐乳食品中环己基氨基磺酸钠的测定，不适用于白酒中该化合物的测定。

(1) 原理　食品中的环己基氨基磺酸钠用水提取，在硫酸介质中环己基氨基磺酸钠与亚硝酸反应，生成环己醇亚硝酸酯，利用气相色谱氢火焰离子化检测器进行分离及分析，保留时间定性，外标法定量。

(2) 试剂和材料　除非另有说明，本方法所用试剂均为分析纯，水为 GB/T 6682—2008 规定的二级水。

① 正庚烷 $[CH_3(CH_2)_5CH_3]$。
② 氯化钠（NaCl）。

③ 石油醚：沸程为 30℃～60℃。

④ 氢氧化钠溶液（40g/L）：称取 20g 氢氧化钠（NaOH），溶于水并稀释至 500mL，混匀。

⑤ 硫酸溶液（200g/L）：量取 54mL 硫酸（H_2SO_4）小心缓缓加入 400mL 水中，后加水至 500mL，混匀。

⑥ 亚铁氰化钾溶液（150g/L）：称取折合 15g 亚铁氰化钾的试剂 $\{K_4[Fe(CN)_6]\cdot 3H_2O\}$，溶于水稀释至 100mL，混匀。

⑦ 硫酸锌溶液（300g/L）：称取折合 30g 硫酸锌的试剂（$ZnSO_4\cdot 7H_2O$），溶于水并稀释至 100mL，混匀。

⑧ 亚硝酸钠溶液（50g/L）：称取 25g 亚硝酸钠（$NaNO_2$），溶于水并稀释至 500mL，混匀。

⑨ 环己基氨基磺酸标准储备液（5.00mg/mL）：精确称取 0.5612g 环己基氨基磺酸钠标准品 [（$C_6H_{12}NSO_3Na$），纯度≥99%]，用水溶解并定容至 100mL，混匀，此溶液 1.00mL 相当于环己基氨基磺酸 5.00mg（环己基氨基磺酸钠与环己基氨基磺酸的换算系数为 0.8909）。置于 1～4℃冰箱保存，可保存 12 个月。

⑩ 环己基氨基磺酸标准使用液（1.00mg/mL）：准确移取 20.0mL 环己基氨基磺酸标准储备液（5.00mg/mL），用水稀释并定容至 100mL，混匀。置于 1～4℃冰箱保存，可保存 6 个月。

(3) 仪器与设备

气相色谱仪：配有氢火焰离子化检测器（FID）。

离心机：转速≥4000r/min。

天平：感量 1mg、0.1mg。

超声波振荡器、样品粉碎机、涡旋混合器、10μL 微量注射器、恒温水浴锅。

(4) 分析步骤

① 试样溶液的制备

a. 液体试样处理。

普通液体试样：摇匀后称取 25.0g 试样（如需要可过滤），用水定容至 50mL 备用。

含二氧化碳的试样：称取 25.0g 试样于烧杯中，60℃水浴加热 30min 以除二氧化碳，放冷，用水定容至 50mL 备用。

含乙醇的试样：称取 25.0g 试样于烧杯中，用氢氧化钠溶液（40g/L）调至弱碱性 pH 7～8，60℃水浴加热 30min 以除乙醇，放冷，用水定容至 50mL 备用。

b. 固体、半固体试样处理。

低脂、低蛋白样品（果酱、果冻、水果罐头、果丹类、蜜饯凉果、浓缩果汁、面包、糕点、饼干、复合调味料、带壳熟制坚果和籽类、腌渍的蔬菜等）：称取打碎、混匀的样品 3.00～5.00g 于 50mL 离心管中，加 30mL 水，振摇，超声提取 20min，混匀，离心（3000r/min）10min，过滤，用水分次洗涤残渣，收集滤液并定容至 50mL，混匀备用。

高蛋白样品（酸乳、雪糕、冰淇淋等奶制品及豆制品、腐乳等）：冰棒、雪糕、冰淇淋等分别放置于 250mL 烧杯中，待融化后搅匀称取；称取样品 3.00～5.00g 于 50mL 离心管中，加 30mL 水，超声提取 20min，加 2mL 亚铁氰化钾溶液，混匀，再加入 2mL 硫酸锌溶液，混匀，离心（3000r/min）10min，过滤，用水分次洗涤残渣，收集滤液并定容至 50mL，混匀备用。

高脂样品（奶油制品、海鱼罐头、熟肉制品等）：称取打碎、混匀的样品 3.00～5.00g

于 50mL 离心管中，加入 25mL 石油醚，振摇，超声提取 3min，再混匀，离心（1000r/min 以上）10min，弃石油醚，再用 25mL 石油醚提取一次，弃石油醚，60℃水浴挥发去除石油醚，残渣加 30mL 水，混匀，超声提取 20min，加 2mL 亚铁氰化钾溶液，混匀，再加入 2mL 硫酸锌溶液，混匀，离心（3000r/min）10min，过滤，用水洗涤残渣，收集滤液并定容至 50mL，混匀备用。

c. 衍生化。

准确移取上述液体试样溶液、固体、半固体试样溶液 10.0mL 于 50mL 带盖离心管中。将离心管置冰浴中 5min 后，准确加入 5.00mL 正庚烷、2.5mL 亚硝酸钠溶液和 2.5mL 硫酸溶液，盖紧离心管盖，摇匀，在冰浴中放置 30min，其间振摇 3～5 次；加入 2.5g 氯化钠，盖上盖后置涡旋混合器上振动 1 min（或振摇 60～80 次），低温离心（3000r/min）10min 分层或低温静置 20min 至澄清分层后，取上清液放置于 1～4℃冰箱冷藏保存，以备进样用。

② 标准溶液系列的制备及衍生化　分别准确移取 1.00mg/mL 环己基氨基磺酸标准使用液 0.50mL、1.00mL、2.50mL、5.00mL、10.0mL、25.0mL 于 50mL 容量瓶中，加水定容，配成标准溶液系列浓度为：0.01mg/mL、0.02mg/mL、0.05mg/mL、0.10mg/mL、0.20mg/mL、0.50mg/mL。临用时配制以备衍生化用。

准确移取标准系列溶液 10.0mL 于 50mL 带盖离心管中，按上述"衍生化"方法进行衍生化。

③ 测定

a. 色谱条件。

色谱柱：弱极性石英毛细管柱（内涂 5%苯基甲基聚硅氧烷，30m×0.53mm×1.0μm）或等效柱。

柱温升温程序：初温 55℃保持 3min，10℃/min 升温至 90℃保持 0.5min，20℃/min 升温至 200℃保持 3min。

进样口：温度 230℃；进样量 1μL，不分流/分流进样，分流比 1∶5（分流比及方式可根据色谱器条件调整）。

检测器：氢火焰离子化检测器（FID），温度 260℃。

载气：高纯氮气，流量 12.0mL/min，尾吹 20mL/min。

氢气 30mL/min；空气 330mL/min（载气、氢气、空气流量大小可根据仪器条件进行调整）。

b. 色谱分析。

分别吸取 1μL 经衍生化处理的标准系列各浓度溶液上清液，注入气相色谱仪中，可测得不同浓度被测物的响应值峰面积，以浓度为横坐标，以环己醇亚硝酸酯和环己醇两峰面积之和为纵坐标，绘制标准曲线。

在完全相同的条件下，进样 1μL 经衍生化处理的试样上清液，以保留时间定性，测得峰面积，根据标准曲线得到样液中的组分浓度；试样上清液响应值若超出线性范围，应用正庚烷稀释后再进样分析。平行测定次数不少于两次。

(5) 分析结果的表述　试样中环己基氨基磺酸含量按式(4-5)计算：

$$X_1 = \frac{c}{m} \times V \tag{4-5}$$

式中　X_1——试样中环己基氨基磺酸的含量，g/kg；
　　　c——由标准曲线计算出定容样液中环己基氨基磺酸的浓度，mg/mL；

m——试样质量,g;

V——试样的最后定容体积,mL。

计算结果以重复性条件下获得的两次独立测定结果的算术平均值表示,结果保留三位有效数字。在重复性条件下获得的两次独立测定结果的绝对差值不得超过算术平均值的10%。

取样量5g时,本方法检出限为0.010g/kg,定量限0.030g/kg。

2．食品中阿斯巴甜含量的测定

天冬酰苯丙氨酸甲酯,又名阿斯巴甜、甜味素,其甜度为蔗糖的150～200倍,甜味与蔗糖风味相近,甜味纯正,配制饮料时还可增强水果风味,产生热值低,仅为蔗糖的1/200。但在高温或高pH值条件下,阿斯巴甜会发生水解,因此不适用高温烘焙、油炸类和高酸的食物中。阿斯巴甜仅在pH 3～5环境中稳定,大部分饮料pH值都处于这个范围,所以阿斯巴甜特别适用于偏酸的冷饮中。阿斯巴甜在机体内易代谢排出,安全性较高,目前为世界各国普遍使用。

《食品安全国家标准 食品添加剂使用标准》(GB 2760—2024)对阿斯巴甜的适用范围和最大使用量做了明确规定,如表4-3所示。

表4-3 阿斯巴甜在不同食品中的最大使用量

食品名称	最大使用量/(g/kg)	备注
风味发酵乳,稀奶油(淡奶油)及其类似品(稀奶油除外),非熟化干酪,干酪类似品,以乳为主要配料的即食风味食品或其预制产品(不包括冰淇淋和风味发酵乳),脂肪类甜品,冷冻饮品(食用冰除外),水果罐头,果酱,果泥,装饰性果蔬,水果甜品(包括果味液体甜品),发酵的水果制品,煮熟的或油炸的水果,冷冻或干制蔬菜,蔬菜罐头,蔬菜泥/酱(番茄沙司除外),经水煮或油炸的蔬菜,食用菌和藻类罐头,装饰糖果(如工艺造型,或用于蛋糕装饰)、顶饰(非水果材料)和甜汁,即食谷物(包括碾轧燕麦),谷类和淀粉类甜品(如米布丁、木薯布丁),焙烤食品馅料及表面用挂浆,其他蛋制品,果冻	1.0	如用于果冻粉,按冲调倍数增加使用量
调制乳,果蔬汁(浆)类饮料,蛋白饮料,碳酸饮料,茶、咖啡、植物(类)饮料,特殊用途饮料,风味饮料	0.6	固体饮料按稀释倍数增加使用量
调制乳粉和调制奶油粉,冷冻水果,水果干类,蜜饯凉果,固体复合调味料,半固体复合调味料	2.0	
醋、油或盐渍水果,腌渍的蔬菜,腌渍的食用菌和藻类,冷冻挂浆制品,冷冻鱼糜制品(包括鱼丸等),预制水产品(半成品),熟制水产品(可直接食用),水产品罐头	0.3	
加工坚果与籽类,膨化食品	0.5	
可可制品、巧克力和巧克力制品(包括代可可脂巧克力及制品),除胶基糖果以外的其他糖果,调味糖浆,醋	3.0	
糕点,饼干	1.7	
面包	4.0	

注：添加阿斯巴甜的食品应标明"阿斯巴甜（含苯丙氨酸）"。

《食品安全国家标准 食品中阿斯巴甜和阿力甜的测定》(GB 5009.263—2016)中规定食品中阿斯巴甜的含量采用液相色谱法进行测定。本方法适合于所有食品中阿斯巴甜含量的测定。其测定原理是根据阿斯巴甜易溶于水、甲醇和乙醇等极性溶剂而不溶于脂溶性溶剂的特点,各类食品中的阿斯巴甜采用水或醇类物质进行提取,各提取液在液相色谱仪C_{18}反相柱上进行分离,在波长200nm处检测,以色谱峰的保留时间定性,外标法定量。

3. 食品中三氯蔗糖含量的测定

三氯蔗糖，又名蔗糖素，其甜度为蔗糖的 600 倍，甜味纯正，接近于白糖，是目前最优秀的功能性甜味剂之一。由于具有甜味高、储存期长、无热量和安全性高等特点，三氯蔗糖被认为代表了目前高倍甜味剂研究的最高水平和发展方向。

《食品安全国家标准 食品中三氯蔗糖（蔗糖素）的测定》（GB 5009.298—2023）中规定食品中三氯蔗糖的测定采用液相色谱法。检测原理为试样中三氯蔗糖用甲醇水溶液提取，除去蛋白、脂肪，经固相萃取柱净化、富集后用高效液相色谱仪反相 C_{18} 色谱柱分离，蒸发光散射检测器或示差检测器检测，根据保留时间定性，以峰面积定量。

任务十六　风味饮料中阿斯巴甜含量的测定

【任务描述】

风味饮料是指以糖（包括食糖和淀粉糖）和（或）甜味剂、酸度调节剂、食用香精（料）等的一种或者多种作为调整风味的主要手段，经加工或发酵制成的液体饮料，如茶味饮料、果味饮料、乳味饮料、咖啡味饮料、风味水饮料、其他风味饮料等。其中，风味水饮料是指不经调色处理、不添加糖（包括食糖和淀粉糖）的风味饮料，如苏打水饮料、薄荷水饮料、玫瑰水饮料等。阿斯巴甜配制饮料时，可增加水果风味，常和其他甜味剂复合使用，作为风味饮料的甜味剂。

我国《食品安全国家标准 食品添加剂使用标准》（GB 2760—2024）中规定：风味饮料中阿斯巴甜的最大使用量为 0.6g/kg。

某饮料公司要调整其饮料生产成本，其中新出的某款风味饮料使用阿斯巴甜作为甜味剂，特委托对该风味饮料中阿斯巴甜含量进行检测，请协助该公司完成检测任务，并撰写检验报告。

【任务准备】

1. 参考标准

《食品安全国家标准 食品中阿斯巴甜和阿力甜的测定》（GB 5009.263—2016）。

2. 仪器设备

恒温水浴锅、微量进样器。

分析天平：感量为 0.1mg 和 1mg。

离心机：转速≥4000r/min。

液相色谱仪：配有二极管阵列检测器或紫外检测器。

3. 试剂

阿斯巴甜标准储备液（0.5mg/mL）：称取 0.025g(精确至 0.0001g) 阿斯巴甜，用水溶解并转移至 50mL 容量瓶中并定容至刻度，置于 4℃ 左右的冰箱保存，有效期为 90d。

【任务实施】

1. 样品制备和预处理

称取约 2g（精确至 0.001g）风味饮料试样于 50mL 烧杯中，在 50℃ 水浴上除去二氧化碳，然后将试样全部转入 25mL 容量瓶中，用水定容，混匀。4000r/min 离心 5min，上清液经 0.45μm 水系滤膜过滤后用于色谱分析。

2. 阿斯巴甜标准系列溶液的制备

分别准确吸取阿斯巴甜标准储备液（0.5mg/mL）0.50mL、1.00 mL、2.50 mL、5.00 mL、10.00mL，用水定容到 50mL，配制成质量浓度为 5.0μg/mL、10.0μg/mL、25μg/mL、50μg/mL、100μg/mL 的标准系列溶液，于 4000r/min 离心 5min，上清液经 0.45μm 水系滤膜过滤后用于色谱分析。

3. 设置色谱条件

色谱柱：C_{18}柱，柱长 250mm，内径 4.6mm，粒径 5μm。

柱温：30℃。

流动相：甲醇＋水（40＋60）。

流速：0.8mL/min。

进样量：20μL。

检测器：紫外检测器。

检测波长：200nm。

4. 测定

取阿斯巴甜标准系列溶液各 20μL 依次注入高效液相色谱仪进行分离分析，以阿斯巴甜标准色谱图（图 4-3）中的保留时间为依据定性，记录各分析样中阿斯巴甜的响应值峰面积。

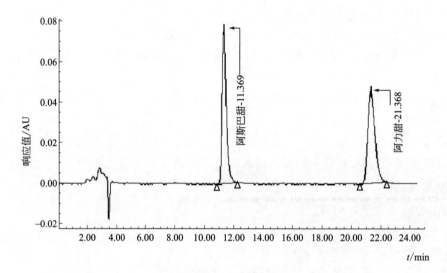

图 4-3　阿斯巴甜标准色谱图（流动相：甲醇＋水＝40＋60）

在完全相同的色谱条件下，取风味饮料试样处理液 20μL，以阿斯巴甜的保留时间定性，测得峰面积。平行测定次数不少于两次。

5. 分析结果的表述

以各标准系列溶液中阿斯巴甜的质量浓度为横坐标，对应的峰面积为纵坐标，绘制标准曲线。根据风味饮料样品液的峰面积，从标准曲线上查出样品液中阿斯巴甜的质量浓度，代入计算公式(4-6) 计算阿斯巴甜的含量。

$$X = \frac{\rho V}{m \times 1000} \tag{4-6}$$

式中 X——试样中阿斯巴甜的含量，g/kg；

ρ——由标准曲线计算出进样液中阿斯巴甜的浓度，μg/mL；

V——试样的最后定容体积，mL；

m——试样质量，g；

1000——由 μg/g 换算成 g/kg 的换算因子。

结果保留 3 位有效数字。

6．精密度

在重复条件下获得的两次独立测定结果的绝对差值不得超过算术平均值的 10％。

【结果与评价】

填写任务工单中的测定风味饮料中阿斯巴甜含量的数据记录表。按任务工单中的检测风味饮料中阿斯巴甜含量任务完成情况总结评价表对工作任务的完成情况进行总结评价。

【注意事项】

1. 样品在注入液相色谱之前应充分地除去固体和气体成分，以免对色谱柱造成损害。
2. 试样处理液响应值若超出标准曲线的线性范围，应稀释后再进样分析。
3. 采用液相色谱法测定阿斯巴甜的含量，各类食品的检出限和定量限不同（参考 GB 5009.263—2016），应根据具体的情况进行样品液的制备和预处理。
4. 流动相中的甲醇必须用色谱级的试剂，水必须是 GB/T 6682—2008 规定的实验室一级水，按比例配制成流动相后，在使用前应过滤除去其中的颗粒性杂质和其他物质，之后用超声波脱气，脱气后应恢复到室温后使用。

项目检测

一、基础概念

甜味剂　阿斯巴甜

二、填空题

1. 测定食品中三氯蔗糖含量的主要方法是_____。
2. 甜味剂按其来源可分为_____和_____；按其营养价值分为_____和_____。
3. _____的甜度为蔗糖的 40～50 倍，具有风味良好、不带异味、掩盖其他添加剂苦涩味等优点。
4. 液相色谱法测定食品中阿斯巴甜含量的原理是根据阿斯巴甜易溶于水、甲醇和乙醇等溶剂而不溶于脂溶性溶剂的特点，各类食品中的阿斯巴甜采用水或醇类物质进行提取，各提取液在液相色谱仪 C_{18} 反相柱上进行分离，在波长 200nm 处检测，以色谱峰的保留时间定性，_____法定量。
5. 气相色谱法测定食品中甜蜜素的原理是食品中的环己基氨基磺酸钠用_____提取，在硫酸介质中环己基氨基磺酸钠与_____反应，生成环己醇亚硝酸酯，利用气相色谱氢火焰离子化检测器进行分离及分析，保留时间定性，外标法定量。

三、选择题

1. 以下哪种物质不属于《食品安全国家标准 食品添加剂使用标准》（GB 2760—2014）中规定的甜味剂？（   ）

   A. 蔗糖 B. 三氯蔗糖 C. 天冬酰苯丙氨酸甲酯 D. 阿斯巴甜

2. 以下哪项不是《食品安全国家标准 食品中甜蜜素的测定》中的方法？（   ）

   A. 气相色谱法 B. 高效液相色谱法 C. 液相色谱-质谱/质谱法 D. 分光光度法

3. 阿斯巴甜不适宜添加在（   ）中。

   A. 风味饮料 B. 果酱 C. 巧克力 D. 油条

4. 在液相色谱分析中，可作为定性的参数是（   ）。

   A. 峰面积 B. 峰高 C. 保留时间 D. 半峰宽

5. （   ）被认为代表了目前高倍甜味剂研究的最高水平和发展方向。

   A. 糖精钠 B. 安赛蜜 C. 甜蜜素 D. 三氯蔗糖

模块五
食品中有毒有害成分的检验

 模块介绍

食品中的药物残留包括农药残留和兽药残留,两者并不是完全分离,特别是对于动物性食品和水产品来说,农药残留和兽药残留更是两个必检的项目。

本模块要求学生依据食品安全国家标准,利用现有工作条件,完成给定食品中农药残留和兽药残留的检测任务,并在完成各个任务的过程中,掌握食品中农药残留和兽药残留检验的相关知识,强化自身检测技能,提高检验岗位职业素质。

 思政小课堂

孔雀石绿事件

【事件】

2005年6月5日,英国《星期日泰晤士报》报道:英国食品标准局在英国一家知名的超市连锁店出售的鲑鱼体内发现孔雀石绿。有关方面将此事迅速通报给欧洲国家所有的食品安全机构,发出食品安全警报。英国食品标准局发布消息说,任何鱼类都不允许含有此类致癌物质,新发现的有机鲑鱼含有孔雀石绿的化学物质是不可以接受的。

2005年7月7日,国家农业部办公厅向全国各省、自治区、直辖市下发了《关于组织查处"孔雀石绿"等禁用兽药的紧急通知》,在全国范围内严查违法经营、使用孔雀石绿的行为。

2005年6月,《河南商报》记者对湖北、河南等地的养鱼场和水产品批发市场进行了调查,辽宁《华商晨报》记者对辽宁的养殖场和鱼药商店的调查结果都表明:在水产品的养殖过程中,很多渔民仍然用孔雀石绿来预防鱼的水霉病、鳃霉病、小瓜虫病等;在运输过程中,为了使鳞受损的鱼延长生命,鱼商也常使用孔雀石绿。至于销售孔雀石绿的鱼药商店,由于孔雀石绿市场的存在,仍然在买卖孔雀石绿。

孔雀石绿别名碱性绿、盐基块绿、孔雀绿,是一种三苯甲烷结构的染料,因其外观颜色呈孔雀绿而得名,可用作羊毛、丝绸、皮革、纸张等的染料,也可用作生物染色剂。通过食物链,对人体产生危害,有致突变、致畸和致癌的危险,并能在鱼体内长时间残留。我国农业部2002年5月在农业行业标准《无公害食品 渔用药物使用准则》(NY 5071—2002)中就将孔雀石绿列入《食品动物禁用的兽药及其他化合物清单》。但因孔雀石绿在防治水霉病等方面实在过于"经典",以至于在2017年复方甲霜灵粉(美婷)获批前,始终找不到性价比更高的替代品。即使是"最强备胎"美婷问世后,也一度因上游原料价格上涨而产生性价比不高的问题,许多养殖户没有使用的动力。由于没有低廉有效的替代品,孔雀石绿在水产养殖中的使用屡禁不止。

【启示】

1. 与时俱进的创新精神。在2002年之前,孔雀石绿在水产养殖业中广泛用于预防鱼的水霉病、鳃霉病、小瓜虫病等,但随着科技的进步,其毒性被逐渐明确,为此,国家与时俱进,出台了相关法律法规禁止在食用水产品中使用孔雀石绿。在以后的学习、工作中也要有这种与时俱进的创新精神,用发展的眼光看问题。

2. 法律意识和社会责任感。虽然孔雀石绿的毒性已被大家所知,但其在水产养殖中的使用仍屡禁不止,究其原因是养殖者法律意识和社会责任感淡薄,最终都受到了应有的处罚。通过该事件必须心怀社会责任感,坚守道德和法律的底线,不能因追求个人利益造成全社会的损失。

项目一　食品中农药残留的测定

知识目标

1. 了解食品中农药残留的种类和农药残留测定的意义。
2. 熟悉食品中农药残留量常用的检测方法。
3. 掌握气相色谱法测定食品中有机磷农药的测定原理和操作要点。

技能目标

1. 会解读食品中农药残留测定的国家标准。
2. 会使用气相色谱仪、氮吹仪等相关农药残留量测定的仪器设备。
3. 能准确测定食品中的农药残留量。

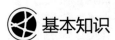 基本知识

一、食品中常见农药的种类

农药是指用于预防、消灭或者控制农业、林业的病、虫、草和其他有害生物以及有目的地调节植物、昆虫生长的化学合成或来源于生物、其他天然物质中的一种或几种成分的混合物及其制剂。对于农药的定义与范围，不同时期、不同国家和地区也有所差异，如欧洲称之为"农用化学品"，有些书刊将农药定义为"除化肥以外的一切农用化学品"。

目前，全世界实际生产和使用的农药品种有上千种，其中绝大部分是化学合成农药。按其用途可分为杀虫剂、杀菌剂、除草剂、杀螨剂、植物生长调节剂和杀鼠剂等；按化学成分可分为有机氯类、有机磷类、氨基甲酸酯类、拟除虫菊酯类、苯氧乙酸类和有机锡类等；按毒性高低可分为高毒、中毒和低毒三类；按杀虫效率可分为高效、中效和低效三类；按农药在植物体内残留时间的长短可分为高残留、中残留和低残留三类。

二、食品中农药残留的危害及检测意义

农药残留指由于农药的使用而残存于生物体、食品、农副产品、饲料和环境中的农药母体及其具有毒理学意义的代谢物、转化产物、反应物和杂质的总称。造成食品中农药残留的原因主要有以下几方面：农田施用农药时，直接污染农作物；因水质的污染进一步污染水产品；土壤中沉积的农药通过农作物的根系吸收到作物内部而造成污染；大气中漂浮的农药随风向、雨水对地面作物、水生生物产生影响；饲料中残留的农药转入畜禽体内，造成此类加工食品的污染。

农药在防治农作物病虫害、提高农作物产量等方面起着重要的作用，但农药的广泛使用会造成食品中的农药残留，从而影响人体健康。食品中农药残留的危害主要如下。

(1) 急性中毒　短时间内大量摄入农药残留量严重超标的食品或农产品，会引起呕吐、腹泻等，如不及时治疗，严重可能会造成死亡。

(2) 慢性中毒　长时间摄入农药残留量超标的食品或农产品，农药在人体内堆积而产生中毒症状。

(3) 三致作用：致癌、致畸、致突变。

由于食品中农药残留会严重危害人体健康，我国《食品安全国家标准 食品中农药最大残留限量》（GB 2763—2021）对食品中 2,4-滴丁酸等 564 种农药 10092 项最大残留限量做出了明确的规定。

食品中农药残留量超标会危害人体健康，但农药使用对减少农作物损失、提高产量和利于农产品规模发展必不可少，所以农药残留量是食品检验的一个重要指标。食品中农药残留量的测定具有以下几个作用。

① 监督和检验食品中农药残留量是否符合食品安全国家标准，以保证食品安全。

② 通过总膳食研究，了解人群膳食农药的摄入水平。

③ 为国际公平贸易提供科学依据。

三、食品中农药残留量测定的依据及方法

食品中农药残留量的测定的方法主要有色谱法、毛细管电泳法和光谱法。依据《食品安全国家标准 食品中农药最大残留限量》（GB 2763—2021）对大部分农药残留量检测方法指引，主要采用色谱法。通常根据被测农药的性质选择合适的色谱方法，如对于挥发性农药多选用气相色谱法（GC），对于半挥发性、不挥发性、极性及热不稳定性农药选用高效液相色谱法（HPLC）等。目前色质联用技术已广泛应用于农药残留量的测定，极大地减少了分析时间，降低了检测费用，提高了农药残留量的检测效率。如气相色谱-质谱联用法（GC-MS）、液相色谱-质谱/质谱法（LC-MS/MS）、气相色谱串联质谱法（GC-MS/MS）等。气相色谱法因其检测速度快、灵敏度高、选择性好等技术特点而作为食品中农药残留量测定的最常用的检测技术之一。

1. 食品中有机磷农药残留量的测定

气相色谱法是目前食品中有机磷农药残留量测定的常用方法。其测定原理是：含有机磷的试样在富氢焰上燃烧，以 HPO 碎片的形式，放射出波长 526nm 的特性光；这种光通过滤光片选择后，由光电倍增管接收，转换成电信号，经微电流放大器放大后被记录下来。试样的峰面积或峰高与标准品的峰面积或峰高进行比较定量。

(1) 样品制备　粮食试样经粉碎机粉碎，过 20 目筛制成粮食试样；水果、蔬菜试样去

掉非可食部分后制成待分析试样。

（2）**提取**　根据样品的种类，选择合适的提取剂进行提取。通常可用乙腈、丙酮作为提取剂。

（3）**净化**　样品提取液经乙腈或丙酮等分配提取后，过滤，滤液中加入氯化钠使溶液处于饱和状态。振摇，静置，使有机相与水相分层。收集有机相，用旋转蒸发器浓缩或氮吹仪吹至近干，再用丙酮定容。

（4）**测定**　参照国家标准设置气相色谱测定参考条件，吸取混合标准液及试样净化液注入色谱仪中，以保留时间定性，以试样的峰高或峰面积与标准液比较定量。

2. 食品中有机氯农药残留量的测定

毛细管柱气相色谱-电子捕获检测器法测定食品中有机氯农药多组分残留量的原理：食品中的有机氯农药组分经有机溶剂提取、凝胶色谱层析净化，用毛细管柱气相色谱分离、电子捕获检测器检测，以保留时间定性，外标法定量。使用的主要仪器是配有电子捕获检测器（ECD）的气相色谱仪。

3. 食品中氨基甲酸酯类农药残留量的测定

食品中氨基甲酸酯类农药残留量的测定原理：含氮有机化合物被色谱柱分离后在加热的碱金属片的表面发生热分解，形成氰自由基（CN·），并且从被加热的碱金属表面放出原子状态的碱金属（Rb），氰自由基接受电子变成 CN^-，再与氢原子结合。放出电子的碱金属变成正离子，由收集极收集，并作为信号电流而被测定，电流信号的大小与含氮化合物的含量成正比，以峰面积或峰高比较定量。使用的主要仪器是附有火焰离子检测器（FTD）的气相色谱仪。

酶抑制率法测定米面、果蔬中农药残留

4. 食品中农药残留快速检测技术

色谱法普遍存在预处理耗时长、需要大型仪器、操作复杂、成本较高、检测结果滞后等缺点，不适于在基层及现场检测中普及使用。为了及时发现问题，采取措施，控制农药残留量超标的果蔬上市，保障人们的食品安全，简便的农药快速检测技术在农药残留量的快速筛选测定方面的应用越来越广泛。快速检测方法主要有酶抑制法、酶联免疫分析法、活体生物测定法和生物传感器法等。

免疫胶体金试剂板法测定有机磷农药残留

任务十七　苹果中有机磷农药残留量的测定

【任务描述】

《食品安全国家标准　食品中农药最大残留限量》（GB 2763—2021）对食品中 564 种农药 10092 项最大残留限量做出了明确的规定。

苹果富含糖类、酸类、芳香醇类和果胶物质，并含维生素 B、维生素 C 及钙、磷、钾、铁等人体所必需的营养成分，具有很高的营养价值，其味道酸甜适口，营养丰富，是老幼皆宜的水果之一。苹果不仅是我国主要的果品，也是世界上种植最广、产量最多的果品。由于诸多因素的影响，偶尔的苹果中农药残留量超标对行业发展和身体健康造成危害。因此对苹果的农药残留的检测是食品检测人员应该掌握的操作技能。

某果园为打造特色农业，其种植的水果都严格控制农药使用量，但为了进一步加强食品安全管理，在苹果批量上市前特委托对其种植的苹果中有机磷农药残留量进行检测，请协助该果园完成检测工作，并填写检验报告。

【任务准备】

1. 参考标准

《蔬菜和水果中有机磷、有机氯、拟除虫菊酯和氨基甲酸酯类农药多残留的测定》（NY/T 761—2008）。

2. 仪器设备

气相色谱仪：带有双火焰光度检测器（FPD磷滤光片），双自动进样器，双分流/不分流进样口。

食品加工器、涡旋混合器、匀浆机、氮吹仪、铝箔。

滤膜：$0.2\mu m$，有机溶剂膜。

天平：感量为0.1g。

3. 试剂

乙腈。

丙酮：需重蒸。

氯化钠：140℃烘烤4h。

农药标准品。

单一农药标准溶液：准确称取一定量的某农药标准品，用丙酮作溶剂，逐一配制成1000mg/L的单一农药标准储备液，储存于−18℃以下冰箱中。使用时根据各农药在对应检测器上的响应值，准确吸取适量的标准储备液，用丙酮稀释配制成所需的标准工作液。

农药混合标准溶液：根据各农药在仪器上的响应值，逐一准确吸取一定体积的同组别的单个农药标准储备液分别注入同一个容量瓶中，用丙酮稀释至刻度。使用前用丙酮稀释成所需质量浓度的标准工作液。

【任务实施】

1. 样品制备

抽取苹果样品，取可食部分，切碎后放入食品加工器中粉碎打成匀浆，制成待测样。

2. 提取

准确称取25.0g苹果匀浆放入100mL离心管中，准确加入50.00mL乙腈，于涡旋混合器上混匀2min后用滤纸过滤，滤液收集到装有5～7g氯化钠的100mL具塞量筒中，收集滤液40～50mL，盖好塞子，剧烈振荡1min，在室温下静置30min，使乙腈相和水相分层。

3. 净化

从具塞量筒中吸取10.00mL乙腈溶液于15mL刻度试管中，将其置于氮吹仪中，温度设为75℃，缓缓通入氮气，蒸发近干，用移液管加入5.00mL丙酮，涡旋混合器上混匀，用$0.2\mu m$滤膜过滤后，移入至自动进样器进样瓶中，做好标记，供色谱测定用。

4. 测定

（1）色谱参考条件

① 色谱柱。

预柱：长1.0m，内径0.53mm，脱活石英毛细管柱。

两根色谱柱，分别为：

A柱：50%聚苯基甲基硅氧烷（DB-17或HP-50）柱，30m×0.53mm×1.0μm，或者相当。

B柱：100%聚甲基硅氧烷（DB-1或HP-1）柱，30m×0.53mm×1.5μm，或者相当。

② 温度。

进样口温度：220℃。

检测器温度：250℃。

柱温：150℃（保持2min）$\xrightarrow{8℃/min}$ 250℃（保持12min）。

③ 气体及流量。

载气：氮气，纯度≥99.999%，流速为10mL/min。

燃气：氢气，纯度≥99.999%，流速为75mL/min。

助燃气：空气，流速为100mL/min。

④ 进样方式：不分流进样。样品溶液一式两份，由双自动进样器同时进样。

（2）色谱分析

由双自动进样器分别吸取1.0μL混合标准溶液和净化后的样品溶液注入色谱仪中，以双柱保留时间定性，以A柱获得的样品溶液峰面积与标准溶液峰面积比较定量。

5．分析结果的表述

(1) 定性分析 双柱测得样品溶液中未知组分的保留时间（RT）分别与标准溶液在同一色谱柱上的保留时间（RT）相比较，如果样品溶液中某组分的两组保留时间与标准溶液中某一农药的两组保留时间的差都在±0.05min内的，可认定为该农药。

(2) 定量结果计算 试样中被测农药残留量按式(5-1)计算。

$$w = \frac{V_1 A V_3}{V_2 A_s m} \times \rho \tag{5-1}$$

式中 w——试样中被测农药残留量，mg/kg；

ρ——标准溶液中农药的质量浓度，mg/L；

A——样品溶液中被测农药的峰面积；

A_s——农药标准溶液中被测农药的峰面积；

V_1——提取溶剂的总体积，mL；

V_2——吸取出用于检测的提取溶液的体积，mL；

V_3——样品溶液定容体积，mL；

m——试样的质量，g。

计算结果保留两位有效数字，当结果大于1mg/kg时保留三位有效数字。

6．精密度

精密度数据按照GB/T 6379.2—2004规定，获得重复性和再现性的值以95%的置信度来计算，表5-1中列出了13种有机磷农药精密度数据，其余参考NY/T 761—2008附录A。

表5-1 13种有机磷农药精密度

序号	农药名称	浓度 /mg·kg^{-1}	重复性限 r	再现性限 R	浓度 /mg·kg^{-1}	重复性限 r	再现性限 R	浓度 /mg·kg^{-1}	重复性限 r	再现性限 R
1	敌敌畏	0.05	0.0036	0.0041	0.1	0.0058	0.0272	0.5	0.0256	0.0405
2	乙酰甲胺磷	0.05	0.0046	0.0076	0.1	0.0114	0.0171	0.5	0.0627	0.0911
3	百治磷	0.05	0.0033	0.0086	0.1	0.0126	0.0202	0.5	0.0404	0.0634

续表

序号	农药名称	浓度/mg·kg⁻¹	重复性限 r	再现性限 R	浓度/mg·kg⁻¹	重复性限 r	再现性限 R	浓度/mg·kg⁻¹	重复性限 r	再现性限 R
4	乙拌磷	0.05	0.0042	0.0077	0.1	0.0068	0.0088	0.5	0.0273	0.0656
5	乐果	0.05	0.0040	0.0115	0.1	0.0103	0.0247	0.5	0.0135	0.0774
6	甲基对硫磷	0.05	0.0029	0.0083	0.1	0.0049	0.0114	0.5	0.0191	0.0722
7	毒死蜱	0.05	0.0024	0.0062	0.1	0.0046	0.0078	0.5	0.0190	0.0521
8	嘧啶磷	0.05	0.0037	0.0080	0.1	0.0074	0.0109	0.5	0.0178	0.0593
9	倍硫磷	0.05	0.0039	0.0046	0.1	0.0072	0.0104	0.5	0.0318	0.0390
10	辛硫磷	0.2	0.0116	0.0293	0.4	0.0166	0.0305	2.0	0.0706	0.2428
11	灭菌磷	0.05	0.0030	0.0070	0.1	0.0086	0.0103	0.5	0.0178	0.0591
12	三唑磷	0.05	0.0045	0.0056	0.1	0.0119	0.0125	0.5	0.0201	0.0559
13	亚胺硫磷	0.2	0.0184	0.0216	0.4	0.0282	0.0414	2.0	0.0920	0.1937

【结果与评价】

填写任务工单中的测定苹果中有机磷农药残留量数据记录表。按任务工单中的测定苹果中有机磷农药残留量任务完成情况总结评价表对工作任务的完成情况进行总结评价。

【注意事项】

1. 目前多用乙腈作为有机磷农药的提取剂和分配净化剂，但乙腈毒性大，使用后要正确处理废液，以防污染环境。

2. 分析测定有机磷时，由于农药的性质不同，故应注意担体与固定液的选择，一般原则是：被分离的农药是极性化合物，则选择极性固定液；若被分离的农药是非极性化合物，则选择非极性固定液。若选择前者，各农药的出峰顺序一般为极性小的农药先出峰，极性大的农药后出峰；若选择后者，则按沸点高低出峰，低沸点的化合物先出峰。

3. 有些热稳定性差的有机磷农药如敌敌畏在用气相色谱仪测定时比较困难，主要原因是易被担体所吸附，同时因对热不稳定而引起分解。故可采用缩短色谱柱至1～1.3m，或减小固定液涂渍的厚度和降低操作温度（如本法）等措施来克服上述困难。

4. 图5-1为13种有机磷农药的色谱图，其余参考NY/T 761—2008方法一。

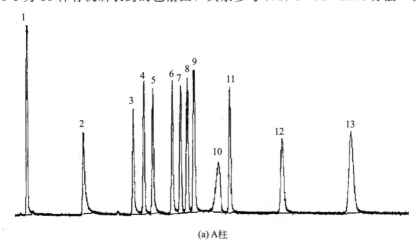

(a) A柱

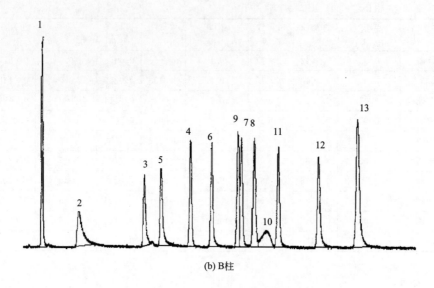

(b) B柱

图 5-1　13 种有机磷农药的色谱图

1—敌敌畏；2—乙酰甲胺磷；3—百治磷；4—乙拌磷；5—乐果；
6—甲基对硫磷；7—毒死蜱；8—嘧啶磷；9—倍硫磷；10—辛硫磷；
11—灭菌磷；12—三唑磷；13—亚胺硫磷

项目检测

一、基础概念
农药残留

二、填空题
1. 测定有机磷农药残留量时，若被分离的农药是极性化合物，则选择_____固定液；各农药的出峰顺序一般为_____的农药先出峰，_____的后出峰。

2. 农药按在植物体内残留时间的长短可分为_____、_____和_____三类。

3. 依据标准 NY/T 761—2008 进行有机磷农药残留量的测定时，通常用_____作为提取试剂和分配净化试剂。

4. 测定有机磷农药残留量时，若被分离的农药是非极性化合物，则按化合物的_____高低出峰。

5. 气相色谱仪的检测系统包括_____和_____两部分。

三、选择题
1. 测定有机磷农药残留量时，若被分离的农药是非极性化合物，各农药的出峰顺序一般为（　　）的农药先出峰，（　　）的后出峰。

A. 沸点高、沸点低　　　　　　　　B. 沸点低、沸点高
C. 熔点高、熔点低　　　　　　　　D. 熔点低、熔点高

2. 气相色谱法中，可用作定量的参数是（　　）。

A. 保留时间　　B. 相对保留值　　C. 半峰宽　　D. 峰面积

3. 高压气瓶的使用，不正确的操作是（　　）。

A. 实验室的高压气瓶要制定管理制度和操作规程

B. 使用高压气瓶的人员，必须正确操作
C. 开阀时速度要快
D. 操作人员开关高压气瓶阀门时，应在气阀接管的侧面
4. 除了进样系统和记录系统外，下列不属于气相色谱仪5大系统的是（　　）。
A. 分离系统　　　B. 检测系统　　　C. 载气系统　　　D. 控温系统

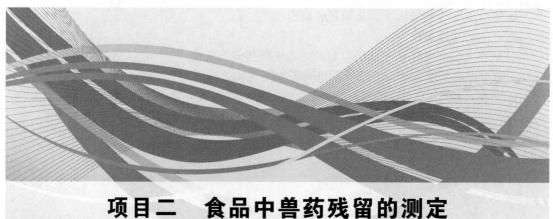

项目二 食品中兽药残留的测定

知识目标

1. 了解食品中兽药残留的测定意义。
2. 理解兽药残留的概念及测定原理。
3. 掌握测定食品中兽药残留的方法。

技能目标

1. 能够解读食品中兽药残留测定的国家标准。
2. 会使用和维护液相色谱-串联质谱仪、氮吹仪装置等仪器设备。
3. 能准确测定食品中的兽药残留量。

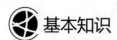 基本知识

一、食品中常见的兽药种类

联合国粮农组织（FAO）和世界卫生组织（WHO）的食品中兽药残留立法委员会对兽药残留的定义为：兽药残留是指动物产品的任何可食部分中药物或化学物质的原型、代谢产物和杂质的残留。兽药残留超标不仅会对人体直接产生急性或慢性毒副作用、使细菌耐药性增强，还可以通过环境和食物链作用间接对人体造成危害。按照用途分类，兽药残留主要分为抗生素类、磺胺类药物、抗寄生虫药、生长促进剂和杀虫剂等。

1. 抗生素类

按照在畜牧业上应用的目标和方法，分为治疗动物临床疾病的抗生素和用于预防与治疗亚临床疾病的抗生素，以及作为饲料添加剂低水平连续饲喂的抗生素。饲料添加剂类抗生素除了能够预防和治疗畜禽疫病外，还具有促进动物生长、提高饲料转化率、提高动物产品品

质、减轻动物排泄物气味、改善饲养环境等功效。由于抗生素类饲料添加剂的应用越来越普遍，畜产品中残留的抗生素含量越来越多，种类越来越复杂。

治疗用抗生素主要有青霉素类、四环素类，在畜产品中容易造成残留量超标的抗生素主要有氯霉素、四环素、土霉素、金霉素等。

2. 磺胺类药物

磺胺类药物具有性质稳定、使用方便、体内分布广等特点，与抗菌增效剂合用后效果大大增强。此类药物易出现耐药性，且损害动物及人体肝脏。磺胺类药物的结构与对氨基苯甲酸相似，与其共同竞争细菌合成叶酸并进一步合成核酸所需的二氢叶酸合成酶，抑制细菌核酸的合成。

二、食品中兽药残留检测的依据及方法

测定兽药残留的方法根据药物种类的不同而不同。本项目主要介绍四环素类药物的快速检测法、动物组织中盐酸克伦特罗残留量的测定和氯霉素类药物的气质联用检测法。在具体检测工作中，需要根据样品的种类、质地等选择检测方法，并考虑该方法的灵敏度、准确度、精确度、测定速度及成本等因素。

1. 四环素类药物的快速检测

参照《动物性食品中四环素类药物残留检测酶联免疫吸附法》，原农业部1025号公告-20-2008，具体操作方法如下：

(1) 方法原理　试样中残留的四环素类药物经提取，与结合在酶标板上的抗原共同竞争抗四环素类药物抗体上有限的结合位点，再通过与酶标羊抗兔抗体反应，酶标记物将底物转化为有色产物，有色产物的吸光度与试样中四环素、金霉素、土霉素及多西环素浓度成反比。

(2) 适用范围　该方法适用于牛乳中四环素、金霉素、土霉素及多西环素残留量快速筛选检测。

(3) 样品处理

① 取适量新鲜或冷冻的空白或供试牛乳。

② 取供试样品作为供试材料；取空白样品作为空白材料；取空白样品，添加适宜浓度的标准溶液作为空白添加试料。

③ 取适量牛乳，用稀释液经10倍或10倍以上稀释后作为试验溶液供酶联免疫法测定。

(4) 检测步骤

① 四环素类药物检测试剂盒回温至18～30℃后使用，以下所有操作应在18～30℃下进行。

② 洗液按1份洗液浓缩液＋9份水进行稀释。四环素标准溶液、抗四环素类药物抗体溶液、酶结合物、底物溶液等均按1份试剂＋9份缓冲液进行稀释和制备，稀释液均现用现配。

③ 依次向微孔中加标准溶液或试验溶液50μL，稀释的抗体50μL，至微型振荡器上振荡30s，用封口膜封好，孵育1h。弃去孔内液体，将酶标板倒置在吸水纸上拍打，使孔内没有残余液体。微孔加入洗液250μL，弃去孔内液体，再将酶标板倒置在吸水纸上拍打，重复洗板3次。微孔加入稀释的酶结合物100μL，在450nm波长处测定吸光值。

(5) 结果判定

① 相对吸光度按式(5-2) 计算。

$$\text{相对吸光度} = B/B_0 \times 100\% \tag{5-2}$$

式中 B——标准品或样品的平均吸光度；

B_0——空白（浓度为 0 的标准液）的吸光度。

② 以标准溶液中四环素浓度（$\mu g/L$）的常用对数为 X 轴，相对吸光度为 Y 轴，绘制标准曲线。根据试样溶液测定的相对吸光度从标准曲线上得到相应的四环素类药物浓度，或用相应的软件计算，结果分别按式（5-3）计算试样中四环素类药物的残留量：

$$X = \frac{cf}{n} \tag{5-3}$$

式中 X——试样中四环素类药物残留量，$\mu g/kg$ 或 $\mu g/L$；

c——从标准曲线中得到试样中四环素类药物含量，$\mu g/kg$ 或 $\mu g/L$；

f——试样稀释倍数；

n——交叉反应率（表 5-2）。

表 5-2 不同药物的交叉反应率

药物	交叉反应率/%	药物	交叉反应率/%
四环素	100	多西霉素	约 75
金霉素	约 100	土霉素	约 58

③ 临界值按交叉反应率最低的药物（土霉素）计算，在空白牛乳、肌肉和肝脏组织中分别添加土霉素至 $100\mu g/L$、$100\mu g/kg$ 和 $300\mu g/kg$，各做 20 个平行样品测定，重复测定 3 次，计算含量平均值和标准差。临界值按式（5-4）计算。

$$L = \overline{X} - 1.64 \times S \tag{5-4}$$

式中 L——临界值；

$\overline{X}$——空白添加样品中土霉素含量平均值；

S——空白添加样品中土霉素含量的标准差。如被测样品中四环素类药物残留量小于临界值，判断为阴性；当检测结果大于等于临界值时，则结果可疑，应用确证法进行确证。

(6) 注意事项

① 灵敏度 本方法在牛乳中的检测限均低于 $10\mu g/L$。

② 准确度 本方法在牛乳中添加浓度 $100\mu g/L$ 的回收率为 $40\%\sim120\%$。

③ 精密度 本方法的批内变异系数 $CV \leqslant 20\%$，批间变异系数 $CV \leqslant 25\%$。

2. 盐酸克伦特罗的测定

参照《动物组织中盐酸克伦特罗的测定 气相色谱/质谱法》（NY/T 468—2006），中华人民共和国农业行业标准，具体如下：

盐酸克伦特罗检测卡
测兽药残留

(1) 方法原理 样品在碱化的条件下用乙酸乙酯提取，合并提取液后，利用盐酸克伦特罗易溶于酸性溶液的特点，用稀盐酸反萃取，萃取的样液 pH 值调至 5.2 后用 SCX 固相萃取小柱净化，分离的药物残留经过双三甲基硅烷三氟乙酰胺（BSTFA）衍生后用带有质量选择检测器的气相色谱仪测定。

(2) 检测步骤

① 提取 称取（5 ± 0.05）g 动物肝组织样品于带盖的聚四氟乙烯离心管中，加入 15mL 乙酸乙酯，再加入 3mL 10.0%碳酸钠溶液，然后以 10000r/min 以上的速度均质 60s，盖上

盖子以5000r/min的速度离心2min，吸取上层有机溶剂于离心管中，在残渣中再加入10mL乙酸乙酯在涡旋混合器上混合1min，离心后吸取有机溶剂并合并提取液。在收集的有机溶剂中加入5mL 0.10mol/L的盐酸溶液，涡旋混合器上混合30s，以5000r/min的速率离心2min，吸取下层溶液，同样步骤重复萃取一次，合并两次萃取液，用2.5mol/L氢氧化钠溶液调节pH至5.2。

② 净化　SCX小柱依次用5mL甲醇、5mL水和5mL 30mmol/L盐酸活化，然后将萃取液上样至固相萃取小柱中，依次用5mL水和5mL甲醇淋洗柱子，在溶剂流过固相萃取柱后，抽干SCX小柱，再用5mL 4%氨化甲醇溶液洗脱，收集洗脱液。

③ 测定　在50℃水浴中用氮气吹干上述洗脱液，加入100μL甲苯和100μL BSTFA，试管加盖后于涡旋混合器上振荡30s，在80℃的烘箱中加热衍生1h（盖住盖子），同时吸取0.5mL标准工作液加入4.5mL 4%氨化甲醇溶液中，用氮气吹干后同样品操作，待衍生结束冷却后加入0.3mL甲苯并转入进样小瓶中，进行气相色谱/质谱分析。

样品峰与标样的保留时间之差不多于2s，并人工比较选择离子的丰度，其中试样峰的选择离子相对强度（与基峰的比例）不超过标准相应选择离子相对强度平均值的±20%（m/z 262）和±50%（m/z 212，277）。

选择试样峰（m/z 86）的峰面积进行单点或多点校准定量。当单点校准定量时根据样品液中盐酸克伦特罗含量情况，选择峰面积相近的标准工作溶液进行定量，同时标准工作溶液和样品液中盐酸克伦特罗响应值均应在仪器检测线性范围内。

任务十八　蜂蜜中氯霉素残留量的测定

【任务描述】

按照《蜂蜜中氯霉素残留量的测定方法　液相色谱-串联质谱法》（GB/T 18932.19—2003）规定，蜂蜜中氯霉素检出上限为0.10μg/kg。

蜂蜜有助于美容护肤、抗菌消炎、促进组织再生、提高免疫力、促进消化、调节胃肠功能等，是一类深受消费者欢迎的产品。近年来，蜂蜜的安全性越来越受到关注，蜂蜜掺假、过期蜂蜜、蜂蜜兽药残留等事件给我国的蜂蜜市场带来了很大的影响。因此，对于蜂蜜的鉴别和安全性检验检测是食品从业人员应该掌握的技能。

某蜂蜜生产企业新采集一批蜂蜜原蜜，在灌装前特委托对该批原蜜中兽药残留量进行检测，请协助该企业完成检测工作，并填写检验报告。

【任务准备】

1. 参考标准

《蜂蜜中氯霉素残留量的测定方法　液相色谱-串联质谱法》（GB/T 18932.19—2003）。

2. 仪器设备

自动浓缩仪或相当者、氮气吹干仪、振荡器、液体混匀器、固相萃取装置、离心机。

液相色谱-串联四极杆质谱仪：配有电喷雾离子源。

分析天平：感量0.1mg和0.01g各一台。

贮液器：50mL。

真空泵：真空度应达到80kPa。

刻度离心管：10mL，精度为0.1mL。

移液器：10mL。

离心管：50mL，具塞。

3. 试剂

水：GB/T 6682—2008规定的一级水。

甲醇：色谱纯。

乙腈：色谱纯。

乙酸乙酯：色谱纯。

乙腈＋水（1+7）：量取20mL乙腈与140mL水混合。

Oasis HLB固相萃取柱或相当者：60mg，3mL。使用前分别用3mL甲醇和5mL水预处理，保持柱体湿润。

氯毒素标准物质：纯度99%。

氯霉素标准储备溶液（0.1mg/mL）：准确称取适量的氯霉素标准物质，用甲醇配成0.1mg/mL的标准储备液。储备液储存在4℃冰箱中，可使用两个月。

氯霉素标准工作溶液：用空白样品提取液分别配成氯霉素浓度为0ng/mL、0.5ng/mL、1.0ng/mL、5.0ng/mL、10ng/mL、50ng/mL、100ng/mL的标准工作溶液，标准工作溶液在4℃保存，可使用一周。

【任务实施】

1. 样品处理

对无结晶的实验室样品，将其搅拌均匀。对有结晶的样品，在密闭情况下，置于不超过60℃的水浴中温热，振荡，待样品全部溶化后搅匀，冷却至室温。分出0.5kg作为试样。制备好的试样置于样品瓶中，密封，并做上标记。常温保存试样。

2. 提取

称取5g试样，精确到0.01g。置于50mL具塞离心管中，加入5mL水，于液体混匀器上快速混合1min，使试样完全溶解。准确加入15mL乙酸乙酯，在振荡器上振荡10min，以3000r/min离心10min，准确吸取上层乙酸乙酯12mL转入自动浓缩仪的蒸发管中，用自动浓缩仪在55℃减压蒸干，加入5mL水溶解残渣，待净化。

3. 净化

将提取液倒入下接色谱柱的贮液器中，溶液以小于等于3mL/min的流速通过固相萃取柱，待溶液完全流出后，用2×5mL水洗蒸发管和贮液管并过柱，然后用5mL乙腈＋水洗柱，弃去全部淋出液。在65kPa的负压下，减压抽干10min，最后用5mL乙酸乙酯洗脱，收集洗脱液于10mL刻度离心管中，于50℃用氮气吹干仪吹干，用乙腈＋水（20+80）定容至0.8mL，供液相色谱-串联质谱仪测定。

4. 测定

(1) 液相色谱条件

色谱柱：Pinnacle Ⅱ C_{18}，5μm，150mm×2.1mm(i.d.)或相当者；

流动相：乙腈＋水（20+80）；

流速：0.2mL/min；

柱温：30℃；

进样量：40μL。

(2) 质谱条件

离子源：电喷雾离子源；
扫描方式：负离子扫描；
检测方式：多反应监测；
电喷雾电压：-4500V；
雾化气压力：0.069MPa；
气帘气压力：0.069MPa；
辅助气流速：6L/min；
离子源温度：450℃；
去簇电压：-55V。
定性离子对、定量离子对和碰撞气能量如表5-3。

表 5-3 定性离子对、定量离子对和碰撞气能量

定性离子对(m/z)	定量离子对(m/z)	碰撞气能量/V
321/176	321/152	-21
321/152		-23
321/194		-20

(3) 液相色谱-串联质谱测定

氯霉素标准工作溶液在液相色谱-串联质谱设定条件下分别进样，以峰面积为纵坐标，工作溶液浓度（ng/mL）为横坐标，绘制七点标准工作曲线，用标准工作曲线对样品进行定量，样品溶液中氯霉素的响应值均应在仪器检测的线性范围内。在上述色谱条件下，氯霉素参考保留时间为12.31min。氯霉素标准物质总离子流图和质谱图参见图5-2、图5-3。

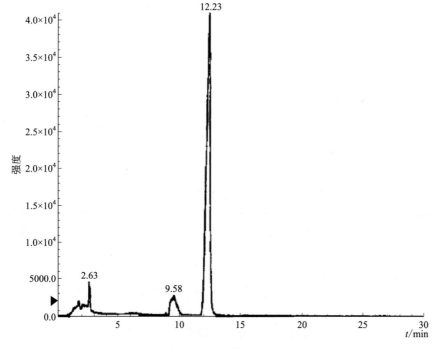

图 5-2 氯霉素标准物质总离子流图

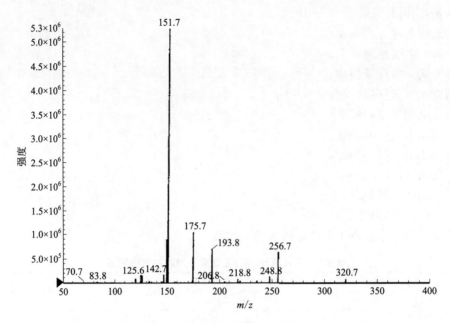

图 5-3 氯霉素标准物质质谱图

5. 平行实验

按以上步骤，对同一试样进行平行实验测定。

6. 空白试验

除不称取试样外，均按上述步骤进行。

7. 分析结果的表述

结果按式(5-5)计算：

$$X = c \times \frac{V}{m} \tag{5-5}$$

式中 X——试样中被测组分残留量，$\mu g/kg$；

c——从标准工作曲线上得到的被测组分溶液浓度，ng/mL；

V——样品溶液定容体积，mL；

m——样品溶液所代表试样的质量，g。

注：计算结果应扣除空白值。

8. 精密度

重复性和再现性的值是以95%的置信度来计算的。

(1) 重复性 在重复性条件下，蜂蜜中氯霉素的含量为 $0.1 \sim 4.0 \mu g/kg$，获得的两次独立测试结果的绝对差值不超过重复性限（r），本部分的重复性限按式(5-6)计算：

$$\lg r = 0.9729 \lg m - 1.0070 \tag{5-6}$$

式中 m——两次测定值的平均值，$\mu g/kg$。

如果差值超过重复性限，应舍弃试验结果并重新完成两次单个试验的测定。

(2) 再现性 在再现性条件下，蜂蜜中氯霉素的含量为 $0.1 \sim 4.0 \mu g/kg$，获得的两次独立测试结果的绝对差值不超过再现性限（R），本部分再现性限按式(5-7)计算：

$$\lg R = 1.0322 \lg m - 0.7979 \tag{5-7}$$

式中 m——两次测定值的平均值，μg/kg。

【结果与评价】

填写任务工单中的测定蜂蜜中氯霉素残留量数据记录表。按任务工单中的测定蜂蜜中氯霉素残留量任务完成情况总结评价表对工作任务的完成情况进行总结评价。

【注意事项】

1. 氯霉素标准储备溶液应在 4℃冰箱储存，两个月内使用。
2. 氯霉素标准工作溶液在 4℃保存，可使用一周。
3. Oasis HLB 固相萃取柱使用前需分别用 3mL 甲醇和 5mL 水进行预处理，保持柱体湿润。

项目检测

一、基础概念

兽药残留　氯霉素　盐酸克伦特罗

二、填空题

1. 兽药残留的种类有_____、_____、_____、_____、_____等。
2. 快速检测牛乳及其乳制品中的四环素类药物的原理是试样中的四环素类药物经提取后，与结合在酶标板上的_____共同竞争抗四环素类药物抗体上有限的_____，再通过与_____反应，酶标记物将底物转化为_____，有色产物的吸光度与试样中的四环素浓度成_____。
3. 蜂蜜中的氯霉素是通过_____提取的，提取液浓缩后再用水溶解，Oasis HLB 固相萃取柱净化，_____仪测定，外标法定量。

三、选择题

1. 测牛乳中四环素的残留量，用稀释液经（　　）稀释后作为实验溶液供酶联免疫法测定。
   A. 10 倍以内　　　　　　　　　　B. 100 倍或 100 倍以上
   C. 5 倍或 5 倍以上　　　　　　　D. 10 倍或 10 倍以上
2. 蜂蜜中氯霉素的测定方法是（　　）。
   A. 胶体金免疫层析法　　　　　　B. 液相色谱-串联质谱法
   C. 酶联免疫法　　　　　　　　　D. 凯氏定氮法
3. 酶联免疫快速检测法适用于哪些食物的兽药残留检测？（　　）
   A. 乳及乳制品　　B. 泡菜　　　C. 方便面　　　　D. 肉制品

参 考 文 献

[1] 刘丹赤. 食品理化检验技术 [M]. 大连：大连理工大学出版社出版，2021.
[2] 侯曼玲. 食品分析 [M]. 北京：化学工业出版社，2004.
[3] 王喜波，张英华. 食品分析 [M]. 北京：科学出版社，2015.
[4] 高向阳. 食品分析与检验 [M]. 北京：中国计量出版社，2006.
[5] 张水华. 食品分析 [M]. 北京：中国轻工业出版社，2009.
[6] 朱克永. 食品检测技术（理化检验　感官检验技术）[M]. 北京：科学出版社，2011.
[7] 杨玉红，田艳花. 食品分析与检测 [M]. 武汉：武汉理工大学出版社，2015.
[8] 王磊. 食品分析与检验 [M]. 北京：化学工业出版社，2017.
[9] 杨玉红. 食品理化检验技术 [M]. 武汉：武汉理工大学出版社，2016.
[10] 曹凤云. 食品理化检验技术 [M]. 北京：中国农业大学出版社，2016.
[11] 林继元. 食品理化检验技术 [M]. 武汉：武汉理工大学出版社，2017.
[12] 贾军. 食品分析与检验技术 [M]. 北京：中国农业出版社，2018.
[13] 钱志伟. 食品分析检验技术 [M]. 北京：中国农业出版社，2016.
[14] 张建梅，厉建军，徐世明，等. 低脂熏煮香肠的配方优化研究 [J]. 农产品加工，2019（9）：46-55.
[15] 张晓婷，潘建君，王知，等. 食品中脂肪测定国家标准的分析与探讨 [J]. 食品工业科技，2018（20）：348-351.
[16] 胡国华. 食品添加剂在果蔬及糖果制品中的应用 [M]. 北京：化学工业出版社，2005.
[17] 杜淑霞. 食品理化检验技术 [M]. 北京：科学出版社，2019.
[18] 肖芳. 食品理化检验技术 [M]. 北京：中国质检出版社，2017.
[19] 胡雪琴. 食品理化分析技术 [M]. 北京：中国医药科技出版社，2017.
[20] 林真. 食品添加剂 [M]. 北京：中国医药科技出版社，2019.
[21] 王永华. 食品分析 [M]. 北京：中国轻工业出版社．2019.
[22] 姚玉静. 食品安全快速检测 [M]. 北京：中国轻工业出版社，2021.
[23] 谢昕. 食品仪器分析技术 [M]. 大连：大连理工大学出版社，2021.

任务一　苹果汁相对密度的测定

姓名：_____　　班级：_____　　学号：_____

苹果汁相对密度的测定数据记录表

基本信息	样品名称		检测日期	
	检测项目		检测方法	
	检测依据			

测定数据	样品编号	1	2	3	平均值
	密度瓶的质量 m_0/g				
	密度瓶加水的质量 m_1/g				
	密度瓶加苹果汁的质量 m_2/g				
	检测时试样的温度 $T/℃$				
	校正				

结果计算	计算公式	

结果讨论	苹果汁的相对密度为_____ 根据标准判断是否符合要求：_____

苹果汁相对密度的测定任务完成情况总结评价表

项次	项目	内容	标准	分值	自评得分	小组评价	教师评价
1. 素养	纪律情况	遵纪守法	(1)按时到岗,不早退。 (2)遵守实验室各项规章制度	5			
	职业道德	严谨仔细,团结协作	(1)团结协作。 (2)能主动帮助同学。 (3)对工作精益求精,认真仔细	10			
	卫生意识	注重安全与卫生	(1)实验相关仪器、设备清洗干净。 (2)实验室场地保持干净卫生。 (3)工作台保持整洁有序、不杂乱	5			
2. 知识、能力	方案制订	查阅相关标准,制订苹果汁相对密度检测实施方案	(1)正确选用标准。 (2)方案制订合理	10			
	准备工作	准备密度瓶、整理装置、所用仪器清洗	仪器洗净、烘干	10			
	操作	将称量好的样品放入密度瓶中,正确使用天平	(1)填写原始记录及时规范。 (2)有效数字准确。 (3)称量准确。 (4)操作规范、按时完成	40			
	实验室安全	实验室安全知识;实验仪器设备管理与维护	(1)检测过程中所涉及实验室安全隐患排查。 (2)安全防护用品使用及穿戴等	10			
	结果分析	苹果汁相对密度含量的计算	(1)能利用计算公式正确计算。 (2)能正确保留有效数字	10			
总分							
加权平均(自评20%,小组评价30%,教师50%)							

3. 请根据以上打分情况,对本任务中的工作和学习状态进行总体评述。(总结知识点并从素养的自我提升方面、职业能力的提升方面进行评价,分析自己的不足之处,描述对不足之处的改进措施)

任务二　茶饮料中可溶性固形物含量的测定

姓名：_____　　　班级：_____　　　学号：_____

茶饮料中可溶性固形物含量的测定数据记录表

基本信息	样品名称		检测日期	
	检测项目		检测方法	
	检测依据			

检测数据	样品编号	1	2	3
	样品温度/℃			
	测得可溶性固形物/%			

结果计算	温度校正值			
	可溶性固形物/%			

结果讨论	茶饮料可溶性固形物含量为_____

茶饮料中可溶性固形物含量的检测任务完成情况总结评价表

项次	项目	内容	标准	分值	自评得分	小组评价	教师评价
1. 素养	纪律情况	遵纪守法	(1)按时到岗,不早退。 (2)遵守实验室各项规章制度	5			
	职业道德	严谨仔细,团结协作	(1)团结协作。 (2)能主动帮助同学。 (3)工作精益求精,认真仔细	10			
	卫生安全	注重安全与卫生	(1)实验相关仪器、设备清洗干净。 (2)实验室场地保持干净卫生。 (3)工作台保持整洁有序、不杂乱	5			
2. 知识、能力	方案制订	查阅相关标准,制订茶饮料可溶性固形物测定实施方案	(1)正确选用标准。 (2)方案制订合理	10			
	准备工作	折光仪等仪器准备	仪器校准、器皿准备	10			
	样品测定	取试液2~3滴,滴于折光仪棱镜面。对准光源,通过目镜观察接物镜。调节棱镜旋钮,使视野分成明暗两部,并使其分界线恰在接物镜的十字交叉点上。并记录棱镜温度	(1)正确滴加样品液,均匀无气泡。 (2)正确调整光源,视野明亮。 (3)正确使用玻璃棒,无接触棱镜。 (4)通过棱镜旋钮调节视野黑白分界线在接物镜的十字交叉点上	30			
	校正温度	将测定的可溶性固形物含量换算为20℃时可溶性固形物含量	正确使用温度修正表进行温度校正	20			
	结果分析	茶饮料中可溶性固形物的结果表示	(1)能利用计算公式正确计算。 (2)能正确保留有效数字	10			
总分							
加权平均(自评20%,小组评价30%,教师50%)							

3. 请根据以上打分情况,对本任务中的工作和学习状态进行总体评述。(总结知识点并从素养的自我提升方面、职业能力的提升方面进行评价,分析自己的不足之处,描述对不足之处的改进措施)

任务三 味精中谷氨酸钠含量的测定

姓名：_____　　　　班级：_____　　　　学号：_____

味精中谷氨酸钠含量的测定数据记录表

基本信息	样品名称		检测日期	
	检测项目		检测方法	
	检测依据			

检测数据	样品编号	1	2	3
	试样的质量 m/g			
	试液定容体积 V/mL			
	谷氨酸钠浓度 $c/(\text{g/mL})$			
	样液温度 $t/\text{℃}$			
	旋光管的长度 L/dm			
	旋光度 $\alpha/(°)$			

结果计算	计算公式	
	精密度/%	

结果讨论	味精中谷氨酸钠的含量为_____
	根据标准判断是否符合要求：_____

味精中谷氨酸钠含量的检测任务完成情况总结评价表

项次	项目	内容	标准	分值	自评得分	小组评价	教师评价
1. 素养	纪律情况	遵守法纪	(1)按时到岗,不早退。 (2)遵守实验室各项规章制度	5			
	职业道德	严谨仔细、团结协作	(1)团结协作。 (2)能主动帮助同学。 (3)对工作精益求精,认真仔细	10			
	卫生意识	注重安全与卫生	(1)实验相关仪器、设备清洗干净。 (2)实验室场地保持干净卫生。 (3)工作台保持整洁有序、不杂乱	5			
2. 知识、能力	方案制订	查阅相关标准,制订味精中谷氨酸钠含量测定实施方案	(1)正确选用标准。 (2)方案制订合理	10			
	准备工作	旋光仪、天平等仪器准备	仪器校准、旋光管、容量瓶等器皿准备	10			
	样液制备	准确称量并溶解、定容	(1)正确使用天平称量样品。 (2)正确在通风橱使用盐酸。 (3)正确定容	20			
	仪器校正	按标准操作校正旋光仪	(1)正确制备空白溶液。 (2)正确校正	10			
	样品测定	测定试液并记录试液的温度	(1)正确润洗旋光管。 (2)旋光管内不得有气泡。 (3)正确测定	20			
	结果分析	味精谷氨酸钠含量测定的结果表示	(1)能利用计算公式正确计算。 (2)能正确保留有效数字	10			
		总分					
		加权平均(自评20%,小组评价30%,教师50%)					

3. 请根据以上打分情况,对本任务中的工作和学习状态进行总体评述。(总结知识点并从素养的自我提升方面、职业能力的提升方面进行评价,分析自己的不足之处,描述对不足之处的改进措施)

任务四 火腿肠中水分含量的测定

姓名：_____   班级：_____   学号：_____

火腿肠中水分含量的测定数据记录表

基本信息	样品名称		检测日期	
	检测项目		检测方法	
	检测依据			

检测数据	样品编号	1	2	3
	烘干至恒重的称量瓶质量 m_0/g			
	干燥前称量瓶与样品的总质量 m_1/g			
	干燥后称量瓶与样品的总质量 m_2/g			

结果计算	计算公式			
	计算结果			
	平均值			

结果讨论	火腿肠中水分的含量为_____ 根据标准判断是否符合要求：_____

火腿肠中水分含量的测定任务完成情况总结评价表

项次	项目	内容	标准	分值	自评得分	小组评价	教师评价
1. 素养	纪律情况	遵纪守法	(1)按时到岗,不早退。 (2)遵守实验室各项规章制度	5			
	职业道德	严谨仔细,团结协作	(1)团结协作。 (2)能主动帮助同学。 (3)对工作精益求精,认真仔细	10			
	卫生意识	注重安全与卫生	(1)实验相关仪器、设备清洗干净。 (2)实验室场地保持干净卫生。 (3)工作台保持整洁有序、不杂乱	5			
2. 知识、能力	方案制订	查阅相关标准,制订火腿肠中水分含量测定实施方案	(1)正确选用标准。 (2)方案制订合理	10			
	准备工作	分析天平与干燥箱的调试与检查,干燥器的检查及处理,称量瓶的准备	(1)准备所需的试剂与仪器设备。 (2)检查干燥器中干燥剂状态。 (3)检查干燥器密封状态是否良好。 (4)干燥条件选择正确,称量瓶洁净并干燥至恒重,记录称量瓶空瓶质量 m_0	20			
	样品制备	将火腿肠尽可能切碎或用研钵粉碎	(1)将火腿肠尽可能粉碎。 (2)粉碎后颗粒应小于2mm,并混合均匀	10			
	称量样品	称空瓶和样品总重量	(1)称量姿势应为坐姿。 (2)样品均匀平摊于称量瓶内,记录干燥前总质量 m_1。 (3)正确计算所需称量样品量,样品取样量约为2~10g	15			
	样品测定	将样品干燥至恒重	(1)称量瓶瓶盖打开斜支于瓶体一侧。 (2)手不能直接接触称量瓶。 (3)正确判断样品干燥至恒重,并记录数据 m_2	15			
	结果分析	火腿肠中水分含量的计算	(1)能利用计算公式正确计算。 (2)能正确保留有效数字	10			
总分							
加权平均(自评20%,小组评价30%,教师50%)							

3. 请根据以上打分情况,对本任务中的工作和学习状态进行总体评述。(总结知识点并从素养的自我提升方面、职业能力的提升方面进行评价,分析自己的不足之处,描述对不足之处的改进措施)

任务五 小麦粉中总灰分含量的测定

姓名：_____   班级：_____   学号：_____

小麦粉中总灰分含量的测定数据记录表

基本信息	样品名称		检测日期	
	检测项目		检测方法	
	检测依据			

检测数据	样品编号	1	2	3
	坩埚质量 m_2/g			
	坩埚和样品质量 m_3/g			
	坩埚和灰分质量 m_1/g			

结果计算	计算公式	
	计算结果	
	平均值	

结果讨论	小麦粉中的灰分含量为_____ 根据标准判断是否符合要求：_____

小麦粉中总灰分含量的测定任务完成情况总结评价表

项次	项目	内容	标准	分值	自评得分	小组评价	教师评价
1. 素养	纪律情况	遵纪守法	(1)按时到岗，不早退。 (2)遵守实验室各项规章制度	5			
	职业道德	严谨仔细，团结协作	(1)团结协作。 (2)能主动帮助同学。 (3)对工作精益求精，认真仔细	10			
	卫生意识	注重安全与卫生	(1)实验相关仪器、设备清洗干净。 (2)实验室场地保持干净卫生。 (3)工作台保持整洁有序，不杂乱	5			
2. 知识、能力	方案制订	查阅相关标准，制订小麦粉中灰分测定实施方案	(1)正确选用标准。 (2)方案制订合理	10			
	坩埚预处理	坩埚的酸洗、标记、高温灼烧至恒重	(1)坩埚用10%盐酸煮沸清洗，并在坩埚外壁及盖上编号。 (2)高温炉内灼烧至恒重	10			
	称样	准确称取样品5～10g，精确至0.0001g	(1)准确称取样品。 (2)样品均匀分布在坩埚内，不要压紧	10			
	测定	先炭化，后灰化至恒重	(1)炭化温度的控制准确。 (2)炭化终点判断准确。 (3)灰化条件的控制准确。 (4)灰化终点判断准确。 (5)恒重的判断准确	40			
	结果分析	小麦粉中灰分含量的计算	(1)能利用计算公式正确计算。 (2)能正确保留有效数字。 (3)能正确进行精密度的计算分析	10			
		总分					
		加权平均(自评20%，小组评价30%，教师50%)					

3. 请根据以上打分情况，对本任务中的工作和学习状态进行总体评述。(总结知识点并从素养的自我提升方面、职业能力的提升方面进行评价，分析自己的不足之处，描述对不足之处的改进措施)

任务六　苹果醋饮料中总酸含量的测定

姓名：_____　　　班级：_____　　　学号：_____

苹果醋饮料中总酸含量的测定数据记录表

基本信息	样品名称		检测日期		
	检测项目		检测方法		
	检测依据				
检测数据	样品编号	1	2	3	
	试样的质量 m/g				
	试液消耗氢氧化钠标准滴定液的体积 V_1/mL				
	空白消耗氢氧化钠标准滴定液的体积 V_2/mL				
	氢氧化钠标准滴定溶液浓度 $c/(mol/L)$				
	试液的稀释倍数 F				
	酸的换算系数 k				
结果计算	计算公式				
	计算结果				
	平均值				
结果讨论	苹果醋总酸含量为_____				
精密度	在重复性条件下获得的两次独立测定结果的绝对差值不得超过算术平均值的10%。 根据标准判断是否符合要求：_____				

苹果醋饮料中总酸含量的测定任务完成情况总结评价表

项次	项目	内容	标准	分值	自评得分	小组评价	教师评价
1. 素养	纪律情况	遵纪守法	(1)按时到岗,不早退。 (2)遵守实验室各项规章制度	5			
	职业道德	严谨仔细,团结协作	(1)团结协作。 (2)能主动帮助同学。 (3)对工作精益求精,认真仔细	10			
	卫生意识	注重安全与卫生	(1)实验相关仪器、设备清洗干净。 (2)实验室场地保持干净卫生。 (3)工作台保持整洁有序、不杂乱	5			
2. 知识、能力	方案制订	查阅相关标准,制订苹果醋总酸含量测定实施方案	(1)正确选用标准。 (2)方案制订合理	10			
	准备工作	整理装置,所用仪器清洗	(1)检查所需仪器设备是否有污损。 (2)仪器洗净、烘干	10			
	待测溶液的制备	按要求制备待测溶液	(1)移液管清洗、润洗。 (2)移液操作准确无误。 (3)容量瓶检漏,正确定容。 (4)容量瓶定容后,摇匀操作要正确,摇匀次数要恰当	20			
	样品酸度测定	按要求用标准碱液滴定样品,记录消耗的标准碱液的体积	(1)待测样液要用移液管准确移取。 (2)以酚酞为指示剂,加量为2~4滴。 (3)滴定可先快后慢,接近终点时一滴一摇。 (4)滴定终点为微红色30s不褪色。 (5)滴定至终点读取消耗标准碱液体积时应将滴定管从滴定管夹上拿下,自然垂直,视线与凹液面最低处平齐进行读数	20			
	空白试验	按样品酸度测定的操作,同时做空白试验	(1)空白试验应用跟样品同体积的无二氧化碳水。 (2)以酚酞为指示剂,加量为2~4滴。 (3)滴定至微红色30s不褪色,记录消耗的标准碱液体积	10			
	结果分析	苹果醋总酸含量的计算	(1)能利用计算公式正确计算。 (2)能正确保留有效数字	10			
总分							
加权平均(自评20%,小组评价30%,教师50%)							

3. 请根据以上打分情况,对本任务中的工作和学习状态进行总体评述。(总结知识点并从素养的自我提升方面、职业能力的提升方面进行评价,分析自己的不足之处,描述对不足之处的改进措施)

任务七　桃罐头中有效酸度的测定

姓名：_____　　　班级：_____　　　学号：_____

桃罐头中有效酸度的测定数据记录表

基本信息	样品名称		检测日期	
	检测项目		检测方法	
	检测依据			

检测数据	样品编号	第一次	第二次	有效酸度
	样品 1			
	样品 2			
	样品 3			

结果讨论	桃罐头中有效酸度为_____
精密度	在重复性条件下获得的两次独立测定结果的绝对差值不得超过 0.1pH。 根据标准判断是否符合要求：_____

桃罐头中有效酸度的测定任务完成情况总结评价表

项次	项目	内容	标准	分值	自评得分	小组评价	教师评价
1. 素养	纪律情况	遵纪守法	(1)按时到岗,不早退。 (2)遵守实验室各项规章制度	5			
	职业道德	严谨仔细,团结协作	(1)团结协作。 (2)能主动帮助同学。 (3)对工作精益求精,认真仔细	10			
	卫生意识	注重安全与卫生	(1)实验相关仪器、设备清洗干净。 (2)实验室场地保持干净卫生。 (3)工作台保持整洁有序、不杂乱	5			
2. 知识、能力	方案制订	查阅相关标准,制订桃罐头有效酸度测定实施方案	(1)正确选用标准。 (2)方案制订合理	10			
	准备工作	准备pH计,整理装置,所用仪器清洗	(1)检测所需仪器设备完好无损。 (2)玻璃仪器洗净、烘干	10			
	试样制备	根据样品状态选用恰当的方法进行试样制备	黄桃罐头应取混匀的液相部分备用	10			
	pH计校正	两点校正法进行pH计校正	校正pH计的温度应与测定样品温度相同;若pH计不带温度补偿系统,应保证缓冲溶液的温度在20℃±2℃范围内	10			
	样品有效酸度的测定	测定样品pH值	(1)将pH计的温度补偿系统调至试样温度;若pH计不带温度补偿系统,应保证缓冲溶液的温度在20℃±2℃范围内。 (2)读数显示稳定以后,直接读数,准确至0.01。 (3)同一个制备试样至少要进行两次测定	20			
	电极清洗	将电极清洗后进行保存	(1)用脱脂棉先后蘸乙醚和乙醇擦拭电极,最后用水冲洗。 (2)按生产商的要求保存电极	10			
	结果分析	桃罐头中有效酸度测定	(1)能利用pH计进行酸度测定。 (2)能正确保留有效数字	10			
		总分					
		加权平均(自评20%,小组评价30%,教师50%)					

3. 请根据以上打分情况,对本任务中的工作和学习状态进行总体评述。(总结知识点并从素养的自我提升方面、职业能力的提升方面进行评价,分析自己的不足之处,描述对不足之处的改进措施)

任务八　糖果中还原糖含量的测定

姓名：_____　　　班级：_____　　　学号：_____

糖果中还原糖含量的测定数据记录表

基本信息	样品名称		样品状态	
	检测项目		检测方法	
	检测日期			

检测数据	样品编号	1	2	3
	试样的质量 m/g			
	碱性酒石酸铜溶液（甲液、乙液各5mL）相当于葡萄糖的质量 m_1/mg			
	测定时消耗试样溶液体积 V/mL			
	系数 F			

结果计算	计算公式			
	计算结果			
	平均值			

结果讨论	硬质糖果的还原糖含量为_____ 根据标准判断是否符合要求：_____

糖果中还原糖含量的测定任务完成情况总结评价表

项次	项目	内容	标准	分值	自评得分	小组评价	教师评价
1. 素养	纪律情况	遵纪守法	(1)按时到岗,不早退。 (2)遵守实验室各项规章制度	5			
	职业道德	严谨仔细,团结协作	(1)团结协作。 (2)能主动帮助同学。 (3)对工作精益求精,认真仔细	5			
	卫生意识	注重安全与卫生	(1)实验相关仪器、设备清洗干净。 (2)实验室场地保持干净卫生。 (3)工作台保持整洁有序、不杂乱	10			
2. 知识、能力	方案制订	查阅相关标准,制订糖果中还原糖测定实施方案	(1)正确选用标准。 (2)方案制订合理	10			
	准备工作	实验设备、器皿的准备及清洗	(1)仪器设备准备齐全。 (2)玻璃器皿洗净、烘干	10			
	试样制备	按标准处理样品、制备测定用样液	(1)天平的正确使用。 (2)移液管的正确使用。 (3)容量瓶的正确使用。 (4)漏斗的正确使用	20			
	待测溶液测定	碱性酒石酸铜的标定、待测溶液预滴、待测溶液的测定	(1)移液管的正确使用。 (2)电炉的正确使用。 (3)滴定管的正确使用。 (4)滴定速度的控制。 (5)滴定终点准确判定	20			
	结果计算	糖果中还原糖含量的计算	(1)能利用计算公式正确计算。 (2)能正确保留有效数字	10			
	精密度	测量结果重复性	在重复条件下获得的两次独立测定结果的绝对差值不得超过算术平均值的5%	10			
总分							
加权平均(自评20%,小组评价30%,教师50%)							

3. 请根据以上打分情况,对本任务中的工作和学习状态进行总体评述。(总结知识点并从素养的自我提升方面、职业能力的提升方面进行评价,分析自己的不足之处,描述对不足之处的改进措施)

任务九　熏煮香肠中脂肪含量的测定

姓名：_____　　　班级：_____　　　学号：_____

熏煮香肠中脂肪含量的测定数据记录表

基本信息	样品名称		检测日期	
	检测项目		检测方法	
	检测依据			
	温度/湿度	℃		%

检测数据	样品编号	1	2	3
	恒重后脂肪烧瓶和脂肪的含量 m_1/g			
	脂肪烧瓶的质量 m_0/g			
	试样的质量 m_2/g			
	试样中脂肪的含量 X/(g/100g)			
	脂肪的平均含量 $\overline{X}$/(g/100g)			
	相对偏差/%			
	允差要求/%			

结果计算	计算公式	

结果讨论	熏煮香肠的脂肪含量为_____ 根据标准判断是否符合要求：_____

熏煮香肠中脂肪含量的测定任务完成情况总结评价表

项次	项目	内容	标准	分值	自评得分	小组评价	教师评价
1. 素养	纪律情况	遵纪守法	(1)按时到岗,不早退。 (2)遵守实验室各项规章制度	5			
	职业道德	严谨仔细,团结协作	(1)团结协作。 (2)能主动帮助同学。 (3)对工作精益求精,认真仔细	10			
	卫生意识	注重安全与卫生	(1)实验相关仪器、设备清洗干净。 (2)实验室场地保持干净卫生。 (3)工作台保持整洁有序、不杂乱	5			
2. 知识、能力	方案制订	查阅相关标准,制订熏煮香肠中脂肪测定实施方案	(1)正确选用标准中的方法。 (2)方案制订合理	10			
	准备工作	连接装置及清洗所用仪器,脂肪烧瓶烘干	(1)装置连接正确。 (2)烘干、恒重。 (3)正确制备试样。 (4)称取量合适,包滤纸筒正确	20			
	抽提	将装好样品的滤纸筒,放入抽提筒内,连接已干燥至恒重的脂肪烧瓶,加入无水乙醚于恒温水浴上加热,使无水乙醚不断回流抽提	(1)从抽提筒上端加入无水乙醚至瓶内容积的2/3处。 (2)调节水浴锅温度,控制回流速度在6~8次/h。 (3)提取结束时,用磨砂玻璃棒判断是否抽提完全	15			
	称重	回收有机溶剂后将抽脂瓶于干燥箱烘干至恒重	(1)提取液回收正确。正确选择干燥箱温度。 (2)待脂肪烧瓶内溶剂剩余1~2mL时在水浴上蒸干。 (3)干燥温度为100℃±5℃。 (4)干燥时脂肪烧瓶应倾斜45°角。 (5)恒重判断	25			
	结果分析	熏煮香肠中脂肪含量的计算	(1)能利用计算公式正确计算。 (2)能正确保留有效数字	10			
总分							
加权平均(自评20%,小组评价30%,教师50%)							

3. 请根据以上打分情况,对本任务中的工作和学习状态进行总体评述。(总结知识点并从素养的自我提升方面、职业能力的提升方面进行评价,分析自己的不足之处,描述对不足之处的改进措施)

任务十　乳粉中蛋白质含量的测定

姓名：_____　　　　班级：_____　　　　学号：_____

乳粉中蛋白质含量的测定数据记录表

基本信息	样品名称		检测日期		
	检测项目		检测方法		
	检测依据				
检测数据	样品编号	1	2	3	
	试样的质量 m/g				
	试液消耗硫酸或盐酸标准滴定液的体积 V_1/mL				
	空白消耗硫酸或盐酸标准滴定液的体积 V_2/mL				
	硫酸或盐酸标准滴定溶液浓度 c/(mol/L)				
	吸取消化液的体积 V_3/mL				
	氮换算为蛋白质的系数 F				
结果计算	计算公式				
	计算结果				
	平均值				
结果讨论	乳粉中的蛋白质含量为_____ 根据标准判断是否符合要求：_____				

乳粉中蛋白质含量的测定任务完成情况总结评价表

项次	项目	内容	标准	分值	自评得分	小组评价	教师评价
1. 素养	纪律情况	遵纪守法	(1)按时到岗,不早退。 (2)遵守实验室各项规章制度	5			
	职业道德	严谨仔细,团结协作	(1)团结协作。 (2)能主动帮助同学。 (3)对工作精益求精,认真仔细	10			
	卫生意识	注重安全与卫生	(1)实验相关仪器、设备清洗干净。 (2)实验室场地保持干净卫生。 (3)工作台保持整洁有序、不杂乱	5			
2. 知识、能力	方案制订	查阅相关标准,制订乳粉中蛋白质测定实施方案	(1)正确选用标准。 (2)方案制订合理	10			
	准备工作	凯氏烧瓶,整理装置,所用仪器清洗	仪器洗净、烘干	10			
	消化	将称量好的样品加凯氏烧瓶,加入浓硫酸、硫酸铜、硫酸钾,在电炉上加热至液体呈绿色并澄清透明	(1)瓶口加小漏斗。 (2)凯氏烧瓶以45°角放置。 (3)控制加热强度,防止泡沫冲出。 (4)加热过程中通过旋转凯氏烧瓶,利用酸液冷凝下滴将吸附到凯氏烧瓶壁上的泡沫冲下	20			
	蒸馏吸收	将蒸馏装置组装好,进行蒸馏、吸收	(1)装置组装正确。 (2)蒸馏终点判断准确	20			
	滴定	将接收瓶取下后尽快用标准酸液进行滴定	(1)混合指示剂选择正确。 (2)滴定终点判断准确	10			
	结果分析	乳粉中蛋白质含量的计算	(1)利用计算公式正确计算。 (2)正确保留有效数字	10			
		总分					
		加权平均(自评20%,小组评价30%,教师50%)					

3. 请根据以上打分情况,对本任务中的工作和学习状态进行总体评述。(总结知识点并从素养的自我提升方面、职业能力的提升方面进行评价,分析自己的不足之处,描述对不足之处的改进措施)

任务十一 酱油中氨基酸态氮含量的测定

姓名：_____   班级：_____   学号：_____

酱油中氨基酸态氮含量的测定数据记录表

基本信息	样品名称		检测日期	
	检测项目		检测方法	
	检测依据			

检测数据	样品编号	1	2	3
	试样的体积 V/mL			
	测定用试样稀释液加入甲醛后消耗氢氧化钠标准滴定溶液的体积 V_1/mL			
	试剂空白试验加入甲醛后消耗氢氧化钠标准滴定溶液的体积 V_2/mL			
	试样稀释液的取用量 V_3/mL			
	试样稀释液的定容体积 V_4/mL			
	氢氧化钠标准滴定溶液的浓度 c/(mol/L)			

结果计算	计算公式	
	计算结果	
	平均值	

结果讨论	酱油中氨基酸态氮含量为_____ 根据标准判断是否符合要求：_____

酱油中氨基酸态氮含量的测定任务完成情况总结评价表

项次	项目	内容	标准	分值	自评得分	小组评价	教师评价
1. 素养	纪律情况	遵纪守法	(1)按时到岗,不早退。 (2)遵守实验室各项规章制度	5			
	职业道德	严谨仔细,团结协作	(1)团结协作。 (2)能主动帮助同学。 (3)对工作精益求精,认真仔细	10			
	卫生意识	注重安全与卫生	(1)实验相关仪器、设备清洗干净。 (2)实验室场地保持干净卫生。 (3)工作台保持整洁有序、不杂乱	5			
2. 知识、能力	方案制订	查阅相关标准,制订酱油中氨基酸态氮测定实施方案	(1)正确选用标准。 (2)方案制订合理	10			
	准备工作	酸度计校准	按使用说明校准酸度计	20			
	试样测定	用标准氢氧化钠溶液滴定试样	(1)先滴至pH 8.2。 (2)加入甲醛溶液后,滴至pH 9.2	20			
	空白测定	用标准氢氧化钠溶液滴定空白	(1)先滴至pH 8.2。 (2)加入甲醛溶液后,滴至pH 9.2	20			
	结果分析	酱油中氨基酸态氮含量的计算	(1)利用计算公式正确计算。 (2)正确保留有效数字	10			
总分							
加权平均(自评20%,小组评价30%,教师50%)							

3. 请根据以上打分情况,对本任务中的工作和学习状态进行总体评述。(总结知识点并从素养的自我提升方面、职业能力的提升方面进行评价,分析自己的不足之处,描述对不足之处的改进措施)

任务十二 橙子中 L-抗坏血酸含量的测定

姓名：_____   班级：_____   学号：_____

橙子中 L-抗坏血酸含量的测定数据记录表

基本信息	样品名称		检测日期		
	检测项目		检测方法		
	检测依据				
检测数据	样品编号		1	2	3
	试样的质量 m/g				
	换算后的稀释倍数 A				
	滴定试样所消耗 2,6-二氯靛酚溶液的体积 V/mL				
	滴定空白所消耗 2,6-二氯靛酚溶液的体积 V_0/mL				
	2,6-二氯靛酚溶液的滴定度 $T/(\mathrm{mg/mL})$				
结果计算	计算公式				
	计算结果				
	平均值				
结果讨论	橙子中的 L-抗坏血酸含量为_____ 根据标准判断是否符合要求：_____				

橙子中 L-抗坏血酸含量的测定任务完成情况总结评价表

项次	项目	内容	标准	分值	自评得分	小组评价	教师评价
1. 素养	纪律情况	遵纪守法	(1)按时到岗,不早退。 (2)遵守实验室各项规章制度	5			
	职业道德	严谨仔细,团结协作	(1)团结协作。 (2)能主动帮助同学。 (3)对工作精益求精,认真仔细	10			
	卫生意识	注重安全与卫生	(1)实验相关仪器、设备清洗干净。 (2)实验室场地保持干净卫生。 (3)工作台保持整洁有序、不杂乱	5			
2. 知识、能力	方案制订	查阅相关标准,制订橙子中的 L-抗坏血酸测定实施方案	(1)正确选用标准。 (2)方案制订合理	10			
	准备工作	滴定管、锥形瓶等仪器清洗	仪器洗净、烘干	10			
	采样与预处理	将样品捣成匀浆,稀释后过滤	(1)样品取可食部分。 (2)如有颜色需加白陶土脱色后过滤	20			
	滴定	准确吸取一定量滤液于锥形瓶中,用标定过的 2,6-二氯靛酚溶液滴定至终点,同时做空白试验	(1)滴定操作规范、准确。 (2)滴定终点判断准确。 (3)做空白试验	30			
	结果分析	橙子中 L-抗坏血酸含量的计算	(1)能利用计算公式正确计算。 (2)能正确保留有效数字	10			
总分							
加权平均(自评 20%,小组评价 30%,教师 50%)							

3. 请根据以上打分情况,对本任务中的工作和学习状态进行总体评述。(总结知识点并从素养的自我提升方面、职业能力的提升方面进行评价,分析自己的不足之处,描述对不足之处的改进措施)

任务十三　酱腌菜中山梨酸、苯甲酸含量的测定

姓名：_____　　　　班级：_____　　　　学号：_____

酱腌菜中山梨酸、苯甲酸含量的测定数据记录表

基本信息	样品名称		检测日期			
	检测项目		检测方法			
	检测依据					
检测数据	样品编号			1	2	3
	试样的重量 m/g					
	试样定容体积 V/mL					
	由标准曲线得出的试样液中苯甲酸质量浓度 $\rho_{苯甲酸}/(\mathrm{mg/L})$					
	由标准曲线得出的试样液中山梨酸质量浓度 $\rho_{山梨酸}/(\mathrm{mg/L})$					
结果计算	计算公式					
结果讨论	苯甲酸含量为_____；山梨酸含量为_____ 根据标准判断是否符合要求：_____					

酱腌菜中山梨酸、苯甲酸含量的测定任务完成情况总结评价表

项次	项目	内容	标准	分值	自评得分	小组评价	教师评价
1. 素养	纪律情况	遵纪守法	(1)按时上岗,不早退。 (2)遵守实验室各项规章制度	5			
	职业道德	严谨仔细,团结协作	(1)团结协作。 (2)能主动帮助同学。 (3)对工作精益求精,认真仔细	10			
	卫生意识	注重安全与卫生	(1)实验相关仪器、设备清洗干净。 (2)实验室场地保持干净卫生。 (3)工作台保持整洁有序、不杂乱	5			
2. 知识、能力	方案制订	查阅相关标准,制订食品中山梨酸、苯甲酸测定实施方案	(1)正确选用标准。 (2)方案制订合理	10			
	准备工作	整理装置,所用仪器清洗	仪器洗净、烘干	10			
	试样制备	酱腌菜样品用研磨机充分粉碎并搅拌均匀;取其中的200g装入玻璃容器中,密封于-18℃保存	(1)天平的正确使用;称量的正确操作。 (2)制备方法合理,制备过程避免污染,研磨机操作正确,样品保存方法正确	5			
	试样提取	按正确方法进行提取	旋涡混合器、离心机使用正确,滤膜选择使用正确	5			
	标准曲线的制作	将混合标准系列工作液分别注入液相色谱仪中,测定相应的峰面积,以混合标准系列工作液的质量浓度为横坐标,以峰面积为纵坐标,绘制标准曲线	正确使用吸量管,试剂添加顺序正确	20			
	试样溶液的测定	将试样溶液注入液相色谱仪中,得到峰面积,根据标准曲线得到试样溶液中苯甲酸、山梨酸的质量浓度	(1)规范使用液相色谱仪,检测方法的建立(包括流动相组成、流速、检测波长、检测时间等)、图谱积分处理、标准曲线的建立、未知样品的定性和定量分析等正确。 (2)填写原始记录及时、规范、整洁,有效数字准确,图谱解读正确;数据记录表填写正确	20			
	结果分析	山梨酸、苯甲酸含量的计算	正确计算样品的含量,公式、单位正确,数据修约原则正确使用,测定结果的绝对差值与算术平均值之比符合要求	10			
		总分					
		加权平均(自评20%,小组评价30%,教师50%)					

3. 请根据以上打分情况,对本任务中的工作和学习状态进行总体评述。(总结知识点并从素养的自我提升方面、职业能力的提升方面进行评价,分析自己的不足之处,描述对不足之处的改进措施)

任务十四　油脂中 BHA 和 BHT 含量的测定

姓名：_____　　　班级：_____　　　学号：_____

油脂中 BHA（或 BHT）含量的测定数据记录表

基本信息	样品名称		检测日期		
	检测项目		检测方法		
	检测依据				
检测数据	样品编号	1	2	3	
	注入色谱试样中 BHA(或 BHT)的峰高或面积 h_i				
	标准使用液中 BHA(或 BHT)的峰高或面积 h_s				
	注入色谱试样溶液的体积 V_i/mL				
	待测试样定容的体积 V_m/mL				
	注入色谱中标准使用液的体积 V_s/mL				
	标准使用液的浓度 c_s/(mg/mL)				
	待测溶液中 BHA(或 BHT)的含量 m_1/mg				
	油脂(或食品中脂肪)的质量 m_2/g				
	食品中以脂肪计 BHA(或 BHT)的含量 X_1/(g/kg)				
结果计算	计算公式				
结果讨论	BHA(或 BHT)含量为_____ 根据标准判断是否符合要求：_____				

油脂中 BHA(或 BHT) 含量的测定任务完成情况总结评价表

项次	项目	内容	标准	分值	自评得分	小组评价	教师评价
1. 素养	纪律情况	遵纪守法	(1)按时到岗,不早退。 (2)遵守实验室各项规章制度	5			
	职业道德	严谨仔细,团结协作	(1)团结协作。 (2)能主动帮助同学。 (3)对工作精益求精,认真仔细	10			
	卫生意识	注重安全与卫生	(1)实验相关仪器、设备清洗干净。 (2)实验室场地保持干净卫生。 (3)工作台保持整洁有序、不杂乱	5			
2. 知识、能力	方案制订	查阅相关标准,制订油脂中 BHA(或 BHT)测定实施方案	(1)正确选用标准。 (2)方案制订合理	10			
	准备工作	整理装置,所用仪器清洗	仪器洗净、烘干	10			
	试样制备	样品制备	样品制备方法合理,制备过程避免污染,玻璃乳钵操作正确,样品保存方法正确,四分法取样	5			
		样品称量	天平的正确使用,称量的正确操作	5			
		试样提取	正确使用吸量管,试剂添加顺序正确,过滤方法正确,层析柱活化正确	10			
		试样溶液的测定	规范使用气相色谱仪,检测方法的建立(包括进样口、检测器、色谱柱温度设置、气体流量设置等)、图谱积分处理、标准曲线的建立、未知样品的定性和定量分析等正确	15			
	结果分析	油脂中 BHA(或 BHT)含量的计算	填写原始记录及时、规范、整洁,有效数字准确,图谱解读正确,数据记录表填写正确。 正确计算样品的含量,公式、单位正确,数据修约原则正确,使用测定结果的绝对差值与算术平均值之比符合要求	15			
		其他	着装规范;标识规范;文明操作规范;安全操作规范;按时完成	10			
总分							
加权平均(自评20%,小组评价30%,教师50%)							

3. 请根据以上打分情况,对本任务中的工作和学习状态进行总体评述。(总结知识点并从素养的自我提升方面、职业能力的提升方面进行评价,分析自己的不足之处,描述对不足之处的改进措施)

任务十五 卤肉中亚硝酸盐含量的测定

姓名：_____　　　　班级：_____　　　　学号：_____

卤肉中亚硝酸盐含量的测定数据记录表

基本信息	样品名称		检测日期	
	检测项目		检测方法	
	检测依据			

检测数据	试样质量 m_3/g								
	亚硝酸钠标准使用液浓度/(μg/mL)								
	标准曲线绘制								
	标准溶液编号	1	2	3	4	5	6	7	8	9
	标液用量/mL	0.00	0.20	0.40	0.60	0.80	1.00	1.50	2.00	2.50
	相当于亚硝酸钠质量/μg								
	538nm 处测定的吸光度								
	标准曲线方程								
	样品测定								
	样品编号	1		2		3			
	538nm 处测定的吸光度								
	相当于亚硝酸钠质量 m_2/μg								
	测定用样品液体积 V_1/mL								
	试样处理液总体积 V_0/mL								

结果计算	计算公式	
	卤肉中亚硝酸盐含量/(mg/kg)	

结果讨论	卤肉中亚硝酸盐的平均含量为_____ 根据标准判断是否符合要求：_____

卤肉中亚硝酸盐含量的测定任务完成情况总结评价表

项次	项目	内容	标准	分值	自评得分	小组评价	教师评价
1. 素养	纪律情况	遵纪守法	(1)按时到岗,不早退。 (2)遵守实验室各项规章制度	5			
	职业道德	严谨仔细,团结协作	(1)团结协作。 (2)能主动帮助同学。 (3)对工作精益求精,认真仔细	5			
	卫生意识	注重安全与卫生	(1)实验相关仪器、设备清洗干净。 (2)实验室场地保持干净卫生。 (3)工作台保持整洁有序、不杂乱	5			
2. 知识、能力	方案制订	查阅相关标准,制订卤肉中亚硝酸盐含量测定的实施方案	(1)正确选用标准。 (2)方案制订合理	10			
	准备工作	清洗和整理所用仪器,配制检测所用试剂	(1)正确清洗仪器。 (2)按国标准确配制试剂	10			
	样品处理	将样品混匀并制备净化提取液	(1)制备的样品足够均匀。 (2)正确制备提取液。 (3)正确净化提取液	15			
	标准曲线绘制	标准溶液的配制、吸光度测定和标准曲线绘制	(1)正确配制标准溶液。 (2)正确使用分光光度计。 (3)正确绘制标准曲线	20			
	测定	样品液吸光度的测定	(1)正确控制显色条件。 (2)正确使用分光光度计	15			
	结果分析	数据记录、处理及有效数字的保留	(1)原始数据记录准确、完整、美观。 (2)公式正确,计算过程正确。 (3)正确保留有效数字	15			
		总分					
		加权平均(自评20%,小组评价30%,教师50%)					

3. 请根据以上打分情况,对本任务中的工作和学习状态进行总体评述。(总结知识点并从素养的自我提升方面、职业能力的提升方面进行评价,分析自己的不足之处,描述对不足之处的改进措施)

任务十六　风味饮料中阿斯巴甜含量的测定

姓名：_____　　　　班级：_____　　　　学号：_____

风味饮料中阿斯巴甜含量的测定数据记录表

基本信息	样品名称		检测日期		
	检测项目		检测方法		
	检测依据				
检测数据	试样质量 m/g				
	试样的最后定容体积 V/mL				
	阿斯巴甜标准储备液浓度/(μg/mL)				
	标准曲线绘制				
	标准储备液编号	1	2	3	4	5
	标准储备液体积/mL	0.50	1.00	2.50	5.00	10.00
	阿斯巴甜质量浓度/(μg/mL)					
	峰面积					
	标准曲线方程					
	样品测定					
	样品编号	1		2		
	峰面积					
	由标准曲线计算的进样液中阿斯巴甜的质量浓度 ρ/(μg/mL)					
结果计算	计算公式					
结果讨论	风味饮料中阿斯巴甜的平均质量浓度为_____ 根据标准判断是否符合要求：_____					

风味饮料中阿斯巴甜含量的测定任务完成情况总结评价表

项次	项目	内容	标准	分值	自评得分	小组评价	教师评价
1. 素养	纪律情况	遵纪守法	(1)按时到岗,不早退。 (2)遵守实验室各项规章制度	5			
	职业道德	严谨仔细,团结协作	(1)团结协作。 (2)能主动帮助同学。 (3)对工作精益求精,认真仔细	5			
	卫生意识	注重安全与卫生	(1)实验相关仪器、设备清洗干净。 (2)实验室场地保持干净卫生。 (3)工作台保持整洁有序、不杂乱	5			
2. 知识、能力	方案制订	查阅相关标准,制订风味饮料中阿斯巴甜测定实施方案	(1)正确选用和解读标准。 (2)方案制订合理、可行	10			
	准备工作	仪器使用和试剂准备	(1)熟悉检测所用仪器。 (2)正确准备及配制试剂	10			
	样品处理	样品液除气、稀释及过滤	(1)样液除去二氧化碳。 (2)正确使用移液管和容量瓶配制溶液。 (3)正确使用离心机。 (4)对样品进行过滤除杂	15			
	标准曲线绘制	标准溶液的配制、测定和标准曲线绘制	(1)准确配制标准溶液。 (2)正确使用液相色谱仪。 (3)正确对阿斯巴甜定性。 (4)正确绘制标准曲线	20			
	测定	样品液的测定	(1)正确使用液相色谱仪。 (2)平行测定两次	15			
	结果分析	数据记录、处理及有效数字的保留	(1)原始数据记录准确、完整、美观。 (2)公式正确,计算过程正确。 (3)正确保留有效数字	15			
		总分					
		加权平均(自评20%,小组评价30%,教师50%)					

3. 请根据以上打分情况,对本任务中的工作和学习状态进行总体评述。(总结知识点并从素养的自我提升方面、职业能力的提升方面进行评价,分析自己的不足之处,描述对不足之处的改进措施)

任务十七　苹果中有机磷农药残留量的测定

姓名：_____　　　　班级：_____　　　　学号：_____

苹果中有机磷农药残留量的测定数据记录表

基本信息	样品名称		检测日期	
	检测项目		检测方法	
	检测依据			
检测数据	样品编号		1	2
	试样的质量 m/g			
	标准溶液中农药的质量浓度 $\rho/(\text{mg/L})$			
	提取溶剂的总体积 V_1/mL			
	吸取出用于检测的提取溶液的体积 V_2/mL			
	样品溶液定容体积 V_3/mL			
	农药标准溶液中被测农药的峰面积 A_s			
	样品溶液中被测农药的峰面积 A			
	试样中被测农药残留量 $w/(\text{mg/kg})$			
	试样中被测农药残留量平均值 $\overline{w}/(\text{mg/kg})$			
结果计算	计算公式			
结果讨论	苹果中有机磷农药残留量为_____ 根据标准判断是否符合要求：_____			

苹果中有机磷农药残留量的测定任务完成情况总结评价表

项次	项目	内容	标准	分值	自评得分	小组评价	教师评价
1. 素养	纪律情况	遵纪守法	(1)按时到岗,不早退。 (2)遵守实验室各项规章制度	5			
	职业道德	严谨仔细,团结协作	(1)团结协作。 (2)能主动帮助同学。 (3)对工作精益求精,认真仔细	10			
	卫生意识	注重安全与卫生	(1)实验相关仪器、设备清洗干净。 (2)实验室场地保持干净卫生。 (3)工作台保持整洁有序、不杂乱	5			
2. 知识、能力	方案制订	查阅相关标准,制订苹果中有机磷农药残留量测定实施方案	(1)正确选用标准。 (2)方案制订合理	10			
	样品处理	样品制备、称量和提取	(1)样品制备方法正确,无交叉污染。 (2)食品加工器的正确使用。 (3)称量操作正确。 (4)旋涡混合器正确使用。 (5)过滤操作正确	20			
		样品净化	(1)旋涡混合器正确使用。 (2)溶液的转移正确。 (3)氮吹仪正确使用。 (4)滤膜过滤操作正确	10			
	测定	样品中有机磷农药残留量的测定	(1)设置气相色谱条件正确。 (2)加注样品液和标准溶液操作正确。 (3)保留时间和峰面积分析正确	20			
	结果分析	苹果中有机磷农药残留量的计算	(1)原始记录完整、准确、美观、无涂改。 (2)能利用计算公式正确计算。 (3)能正确保留有效数字	20			
总分							
加权平均(自评20%,小组评价30%,教师50%)							

3. 请根据以上打分情况,对本任务中的工作和学习状态进行总体评述。(总结知识点并从素养的自我提升方面、职业能力的提升方面进行评价,分析自己的不足之处,描述对不足之处的改进措施)

任务十八 蜂蜜中氯霉素残留量的测定

姓名：_____   班级：_____   学号：_____

蜂蜜中氯霉素残留量的测定数据记录表

基本信息	样品名称		检测日期	
	检测项目		检测方法	
	检测依据			

检测数据	样品编号	1	2	3	4	5	6	7	样品1	样品2
	被测组分溶液浓度 $c/(\text{ng/mL})$									
	试液定容体积 V/mL									
	样品溶液所代表试样的质量 m/g									

结果计算	计算公式	

精密度	重复性限	
	再现性限	
	绝对差值	
	重复性和再现性结论	

结果讨论	蜂蜜中的氯霉素含量为_____ 根据标准判断是否符合要求：_____

蜂蜜中氯霉素残留量的测定任务完成情况总结评价表

项次	项目	内容	标准	分值	自评得分	小组评价	教师评价
1. 素养	纪律情况	遵纪守法	(1)按时到岗,不早退。 (2)遵守实验室各项规章制度	5			
	职业道德	严谨仔细,团结协作	(1)团结协作。 (2)能主动帮助同学。 (3)对工作精益求精,认真仔细	10			
	卫生意识	注重安全与卫生	(1)实验相关仪器、设备清洗干净。 (2)实验室场地保持干净卫生。 (3)工作台保持整洁有序、不杂乱	5			
2. 知识、能力	方案制订	查阅相关标准,制订蜂蜜中氯霉素残留量测定实施方案	(1)正确选用标准。 (2)方案制订合理	10			
	准备工作	液相色谱-串联质谱仪、氮吹仪等仪器装置的清洗	仪器洗净、烘干	10			
	样品处理	将无结晶的样品加入乙酸乙酯提取,氮吹仪净化提取物	(1)确保样品无结晶。 (2)对有结晶样品进行无结晶处理。 (3)准确加入 15mL 乙酸乙酯。 (4)氮吹仪吹干。 (5)准确进样	20			
	样品测定	选择合适的液相色谱、质谱条件,准确测定标准曲线及样品值	(1)液相色谱条件确定。 (2)质谱条件确定。 (3)准确使用液相色谱-串联质谱仪	20			
	准确性	进行平行试样和空白试样的测定	(1)平行试样测定。 (2)空白试样测定	10			
	结果分析	蜂蜜中氯霉素含量的计算	(1)能利用计算公式正确计算。 (2)能正确保留有效数字	10			
		总分					
		加权平均(自评20%,小组评价30%,教师50%)					

3. 请根据以上打分情况,对本任务中的工作和学习状态进行总体评述。(总结知识点并从素养的自我提升方面、职业能力的提升方面进行评价,分析自己的不足之处,描述对不足之处的改进措施)